本书由四川省"高等教育质量工程"建设项目(编号 Sc-mnu1101)
子项目(生物科学专业建设)资助出版

植物学野外实习手册

罗明华　　　主　编
杨远兵　陈光升　副主编

科学出版社
北　京

内 容 简 介

本书收录了四川龙门山及其周边地区蕨类植物16科20种，裸子植物7科20种，被子植物102科388种的彩色照片共650幅。全书分为七章。第一章介绍了植物学野外实习组织工作。第二章阐述了植物学野外实习的步骤和方法。第三章简要介绍了植物资源调查的方法。第四章对龙门山地区自然环境和植物分布进行了简要介绍。第五至第七章分别对收录植物的特征进行了描述。

本书可作为相关的农林、师范和综合性大学植物学实习以及中医药大学药用植物实习的教学参考书，也可作为从事植物学与药物学相关工作的科研人员的参考用书。

图书在版编目（CIP）数据

植物学野外实习手册/罗明华主编. —北京：科学出版社，2013.3
ISBN 978-7-03-037134-8

Ⅰ.①植⋯　Ⅱ.①罗⋯　Ⅲ.①植物学—教育实习—高等学校—教材
Ⅳ.①Q94-45

中国版本图书馆CIP数据核字（2013）第049316号

责任编辑：杨　岭　郑述方/责任校对：葛茂香
责任印制：罗　科/封面设计：墨创文化

科学出版社 出版
北京东黄城根北街16号
邮政编码：100717
http://www.sciencep.com

成都锦瑞印刷有限责任公司 印刷
科学出版社发行　各地新华书店经销

*

2013年3月第　一　版　开本：A5（890×1240）
2017年8月第四次印刷　印张：5 3/4
字数：200千字

定价：39.00元

（如有印装质量问题，我社负责调换）

《植物学野外实习手册》编委名单

主　审　阮期平
主　编　罗明华
副主编　杨远兵　陈光升

前　言

野外实习是生物科学专业教学的重要组成部分，也是学生掌握和巩固课堂教学基础知识，培养基本技能的重要环节之一。本书是作者在绵阳师范学院植物学教研室二十多年教学实习和科研的基础上编著而成的。书中收录了龙门山及其周围地区蕨类植物16科20种，裸子植物7科20种，双子叶植物82科264种，单子叶植物20科124种，共125科428种植物，每种均配有彩色照片，其中蕨类植物37幅，裸子植物37幅，单子叶植物202幅，双子叶植物374幅，共计650幅彩色照片，供学生及相关研究人员参考。

本书有以下几个特点：一是有鲜明的地域特色。我校在四川北川小寨子沟国家级自然保护区、四川片口省级自然保护区、四川王朗国家级自然保护区、四川唐家河国家级自然保护区、广元米仓山国家级自然保护区等建立了动物学、植物学和生态学野外实习基地，植物教研室的教师参与了四川九顶山自然保护区、白水河自然保护区、四川安县罗浮山国家地质公园、四川雪宝顶省级自然保护区的植物资源调查，本书收载的植物种类在这些地区最为常见。二是突出了实用功能。书中图文并茂，既有多年野外工作经验的教师亲自拍摄的植物图片，又有简单明了的文字说明，学生实习可按照文字说明和图片进行对比，容易掌握。三是将科特征编成歌诀，易学好记。

本书第一章、第二章和第七章第二节由杨远兵编写，第三章、第五章、第六章、第七章第一节由罗明华编写，第四章由陈光升编写，全书由罗明华统稿。

本书的科特征识别歌诀部分选自四川省医药学校杨祯禄等老师编写的内部教材《药用植物学野外实习指导》，编写过程中，绵阳师范学院生命科学与技术学院生物技术2010级的刘玉琴、刘玉兰、陆麓、廖婷婷、李帅和卓小丽参与了书稿的整理与校对工作，在此表示衷心感谢！

由于编者水平有限，书中错误和不当之处在所难免，恳请各位同行及广大读者批评指正，以便对本书进行及时修订和改进。

编者
2013.1

目　录

第一章　植物学野外实习组织工作 ………………………………… 1
第一节　实习前的准备 ………………………………………… 1
第二节　实习中的教学组织工作 ……………………………… 4

第二章　植物学野外实习的步骤和方法 …………………………… 6
第一节　实习前的准备工作 …………………………………… 6
第二节　野外观察与植物初步鉴定 …………………………… 6
第三节　采集制作植物标本 …………………………………… 9
第四节　实习纪律与成绩的评定 ……………………………… 14

第三章　植物资源调查 ……………………………………………… 16
第一节　植物和自然环境的关系 ……………………………… 16
第二节　植物资源调查准备和工作开展 ……………………… 19
第三节　植物资源的利用和保护 ……………………………… 25

第四章　龙门山地区自然环境和植物分布 ………………………… 27
第一节　龙门山地区概况 ……………………………………… 27
第二节　龙门山地区植物分布概况 …………………………… 28

第五章　蕨类植物及其识别特征 …………………………………… 35

第六章　裸子植物及其识别特征 …………………………………… 43

第七章　被子植物及其识别特征 …………………………………… 51
第一节　双子叶植物纲 ………………………………………… 51
第二节　单子叶植物纲 ………………………………………… 133

第一章 植物学野外实习组织工作

野外实习工作牵涉面广,需要与实习地点联系,需要学校相关部门的协作、相关教师及辅助人员的配合及实习学生的积极参与,任务重而工作繁杂,是一项严肃而细致的工作。需要在实习前做好细致的组织工作,从而保障野外实习的顺利进行,达到野外实习的教学目标。

第一节 实习前的准备

一、组织领导和分工

实习前应确定由学院相关领导任组长的实习领导小组,全面负责实习工作,下设物资工具准备组(负责实习物资工具的购置和准备)、实习指导教师组(由科任老师负责学生的实习指导和考核)、实习联络联系组(负责与学校各部门及实习基地联系,负责落实实习期间的经费、旅行和食宿)、实习学生管理组(主要为班辅导,负责学生的日常管理,同时包括随队医生,负责处理学生在实习期间的疾病)。

二、时间制定

一般情况下,实习时间多在夏季。此时植物种类最茂盛,多数植物处于花期或果期,易于观察和辨识。具体的时间安排应根据各学校的情况确定,可选择在学期内或暑假进行。

三、地点选择

实习地点与实习效果的好坏有很大关系,实习选择在学校的实践教学基地进行,这些教学基地与学校的联系紧密,也是学生经常实习的场所,教师对当地的自然地理、植物分布和生活状况等比较了解,对开展实习工作十分有利。如果需要重新选择实习基地,有关人员应事先对目的地进行仔细的踏勘。实习地点,应满足以下基本条件:

(1)植被发育较好,植被的垂直分布明显,有多种多样的生境,植物种类丰富。植物种类的多少直接与实习的效果密切相关,一般自然保护区是比较好的选择。

(2)实习地的交通要便利,车辆应能直接到达实习地,实习过程中的物资设备较多，如果不能直达，会造成时间上的浪费。

（3）实习的居住地位于实习区域内，能保证不需徒步太久就可以进行野外实习。

（4）实习地的食宿要方便实惠，学生应集中居住以便于管理，而且最好有足够的场地供辅导和考试。

选择好实习地点后，应先与实习地联系并落实食宿事宜再组织学生实习。

四、物资工具准备

实习需要的物资工具较多，需要专人负责购置和准备，并将各类物资工具分配给教师和学生携带，从而保证野外实习的顺利开展，如果物资工具准备不足或未能带到实习地，将会影响实习的效果，所以应该认真对待实习物资工具的准备。实习物资工具包括室外采集工具和室内处理用具用品，其准备包括学校、教师和学生三个层面的工作。

1. 室外采集工具

（1）枝剪：有普通枝剪和高枝剪两种，普通枝剪用于剪断木本或有刺植物，高枝剪用于采集高大乔木生长较高的枝条。

（2）小镐锄：用于挖掘具有深根、块根、鳞茎、球茎、根茎或石缝中的草本或灌木。

（3）标本夹：用结实轻韧的木条横直相间钉成的方格板，两块成一副，一般长约45 cm，宽约30 cm，供压制标本之用（图1-1）。

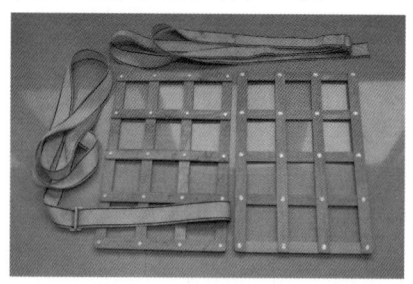

图1-1 木制标本夹

（4）吸水纸：选用吸水性能好的粗草纸或报纸，用以吸收标本中的水分，亦可选用瓦楞纸作为吸水纸，瓦楞纸用于标本烘干较为理想。

（5）麻绳和塑料布：粗麻绳用于捆绑夹板，细绳和塑料布用于捆绑标本及零星物品。

（6）植物标本采集记录表：用以记载植物各部分的应记事项（图1-2），将这种记录表多页订在一起而成野外标本记录册。

（7）植物采集号牌：用硬纸制成，一端打孔穿线，用于挂在每个标本上，正面写采集者姓名（或队名、组名）和采集编号，背面写采集日期和采集地点（图1-3）。

```
植物标本采集记录表
采集号 _____ 采集人 _____
采集时间 ____年_月_日 采集地点 ____省
        ____市（县）____
生长环境 _____ 多度 _____
海拔 _____ 米 土壤 _____
形态性状 _____ 高度 ____ 米 胸径 ____ 厘米
根 _____
茎 _____
叶 _____
花 _____
果 _____
名称 _____ 地方名 _____ 科名（号）____
学名 _____
用途 _____
附记 _____
```

图1-2　植物标本采集记录表式样

```
植物采集号牌
  采集号_____
  采集者_____
  采集地点_____
  采集日期_____年_月_日
```

图1-3　植物采集号版式样

（8）纸袋：用于保存标本上脱落下来的花、果、叶及采集种子。

（9）采集刀：用于刮削树皮及树皮上的植物标本。

（10）广口瓶及固定液：用于浸植物的花、果标本。固定液常用75%酒精、福尔马林液或FAA液。

（11）电筒及蜡烛：用于夜间整理标本和行路照明等。

（12）观察、记录用品：手持放大镜、镊子、解剖针、铅笔（带橡皮）、小刀、工作日记本等。

(13) 保健箱：为预防人员患病，需要准备必要的药品。
(14) 其他：地图、地质罗盘、照相机、望远镜、海拔表。
其他生活用品可根据所采集标本的需要和个人需要而定。

2. 室内处理用具用品

室内处理用具用品包括好台纸（白硬卡纸）、打孔机、裁纸刀、木刻刀（平口）、胶水、消毒药品等。

五、实习动员

实习前，一是要集中学生和教师，进行实习前的思想动员，以防止个别学生思想散漫，应强调实习是一种独特的教学形式，是学生必须参加的教学环节，是按照学校教学来进行考核的。二是要讲清实习的目的和要求，让学生明白实习需要完成的任务和要达到的目标，从而在以后实习中按教学的目标进行活动，并讲清楚实习的考核方式和要求。三是要强调实习纪律和安全注意事项，说明实习期间的作息时间及考勤制度；特别要进行实习安全方面的教育，对可能发生的安全事故要讲明白，如果可能的话，给学生介绍一些安全自救方面的小常识。四是对实习地的情况和过去的野外实习进行介绍，让学生对实习地有大致的了解，也激发学生实习的意愿。

第二节　实习中的教学组织工作

一、坚持做好思想工作和组织分工

做好思想工作是实习工作的保证。思想工作的内容应落实到各个实习阶段。在准备阶段主要是明确实习目的要求，使学生树立起自觉性和克服困难的信心。到现场实习阶段，应转入了解实习过程中的问题和困难，并处理好与实习地群众和领导的关系，而在实习结束阶段则是明确实习总结的目的要求，组织大家认真做好实习总结。以往的经验表明，学生政治辅导员（或班主任）配合业务教师随时处理学生的思想问题是极有成效的。另外，从实习的特点出发，组织学生进行自我管理，不仅有利于实习进行，而且是对学生的一种很好的锻炼。具体做法是，把实习学生依工作能力和体质等分为若干实习大组和小组，指定具有一定组织能力的同学为大组长和小组长。小组长负责把实习工具及资料分发到各组保管，把各组的实习任务落实到人，并作轮换。此外，可设立一个卫生保健小组以保证实习安全。

二、发挥教师的主导作用

在实习教学中，教师要特别注意启发学生多看、多想、多记、多动手。多看

——认真观察和比较才能掌握植物的主要特征；多想——把感性知识提高到分类理论上，不懂的地方应及时查看工具书，争取独立解决问题；多记——扼要记录观察到的东西和老师所讲知识，必要时画下植物突出特征的草图；多动手——认真练习采集、压制、记录及制作腊叶标本的一整套方法，不能当旁观者。教师要有重点地引导学生去观察植物及其生态特点，不要让学生因只顾欣赏野外美景而分散精力。此外，要防止少数学生在现场实习时乱跑而不听老师讲解和指挥，防止队伍过于分散，拉得太长，使靠后的学生听不清老师的讲解。

三、搞好室内的复习巩固

室内工作包括标本整理，花的解剖观察、描述、鉴定及分析综合，做好检索表等。室内工作不仅是对学生实践技能的训练，而且使学生进一步观察和认识植物。室内工作抓得愈紧，学生的收获就愈大。根据实习路线和采集地点的不同，可交叉安排室外与室内工作，以利于学生复习巩固，培养学生分析问题和解决问题的能力。比如，可半天室外半天室内，或全天室外，第二天整理标本，分析比较，完成作业及利用参考书独立解决问题。当然，条件允许时，可利用晚上安排室内工作。总之要保证室内工作的时间。

四、抓好安全教育，落实安全措施

本着对国家对家长对学生负责的态度，应严格落实安全措施以保证不发生任何事故。一是要抓好安全教育，实习前，向学生介绍实习过程中保障安全的注意事项。二是把各项安全措施落到实处。

野外实习是一种专业训练，具有深入实际、规模大、集体性强、时间集中等特点，可以激发学生对所学专业产生浓厚兴趣，强化集体观念和团结协作精神，并且有利于提高学生的自我管理能力，增强体能。因此，抓好野外实习，对于培养德、智、体全面发展的专业技术人才具有重要的意义。

第二章 植物学野外实习的步骤和方法

第一节 实习前的准备工作

做好野外实习的准备工作是实习顺利进行的重要保证。因此，在野外实习前，实习指导教师和参加实习的学生应给予高度的重视。在学生方面，实习前的准备工作主要包括个人学习生活用品的准备和实习知识的准备。

一、个人学习生活用品的准备

个人学习生活用品主要包括《植物学野外实习手册》、植物学教科书、参考书（如地方植物志等）、笔记本、铅笔、放大镜、镊子、解剖针和刀片等学习用具以及雨具、帽子、球鞋、水壶、手电筒、常用药和其他生活必需用品。

二、实习知识的准备

在实习前，认真学习《植物学野外实习手册》，查阅地方植物志等教学指导书和参考资料，了解实习地的自然、社会条件和生态环境、植物资源等。熟悉植物学野外实习的要求，了解实习的主要内容。这对提高野外实习效率、保证实习质量是很有帮助的。

第二节 野外观察与植物初步鉴定

实习开始，学生在老师的带领下，沿着安排好的线路，进行采集、观察，并开始对植物进行初步鉴定。

鉴定一种植物属于哪个科、属和种，需要认真细致地观察植物的各种形态特征，尤其是花、果的特征。在野外工作中，难以查对资料，而且往往只能见到植物的营养器官，要鉴定植物，就显得很困难。但是野外采集时，面对的是鲜活植物，也有许多有利条件，可以充分加以利用。有些经验方法可以帮助我们辨别植物的科、属甚至种。用这些经验鉴定植物，虽然不是很准确，但简便易行。实习中学生不仅应该掌握这些经验，而且在野外实习过程中应细心观察，摸索积累类似经验方法，为今后的实际工作积累经验。

一、外形比较

通过观察植物的茎、叶、花、果的特征形态或变态情况区别辨认出植物所属的科。

1. 茎的外形比较

茎的外形通常是近于圆柱形，木质或草质。但有些科特殊，如莎草科植物的茎多为三棱形；仙人掌科的茎肉质呈球状或扁平状；景天科、马齿苋科的茎呈肉质。

有些科植物具有四方形的茎，且叶对生。草本的科有唇形科、玄参科、爵床科和龙胆科；草本木本兼有的科有马鞭草科、野牡丹科；木本的科有桃金娘科、千屈菜科等。

有些科的植物茎节膨大。草本的科有爵床科、苋科、金粟兰科和胡椒科；木本的科有藤黄科、红树科和裸子植物的买麻藤科。

有些科的植物茎上有刺，如芸香科、蔷薇科的蔷薇亚科、五加科的楤木属、小檗科的小檗属、含羞草科的部分植物、苏木科的部分植物、茄科的部分植物。鼠李科中，有的植物也具有托叶刺，如马甲子。

有的植物茎上生有卷须，容易辨别。葫芦科卷须生于叶腋，葡萄科卷须与叶对生、菝葜科有一对托叶卷须生于叶柄下。

2. 叶的外形比较

叶的独特形状、特殊叶脉、叶上的附属物（如腺体、毛）及腺点等都有助于辨认。

有的科中，植物具有盾形着生叶。防己科植物为藤本，叶盾状着生；睡莲科为水生植物，叶盾状着生；小檗科八角莲属为草本，叶盾状着生。鼠李科的叶，侧脉密而明显，而且平行，野外容易鉴别。有些植物叶轴具叶翼，如漆树科的盐肤木、青麸杨，芸香科的竹叶椒。豆科的许多种类具明显叶枕。

有些科的植物具单叶且叶基偏斜，如胡椒科、榆科山黄麻属、秋海棠科、八角枫科、荨麻科的部分属。

有些科的植物，叶上有腺体，如大戟科的叶基或叶柄顶端具一对腺体，西番莲科为藤本，叶柄顶端具一对腺体，含羞草亚科的叶轴上有一至多个腺体，蔷薇科李亚科的植物叶基具一对腺体。

有些科的植物，取其叶片对亮光透视，可发现有许多腺点，如芸香科柑橘属有透明油腺、桃金娘科的桉树有透明油点。

有些科的植物，叶上生特殊的毛，如胡颓子科叶背多披锈色鳞毛，水东哥科叶常有刺毛，安息香科的植物茎叶上有星状毛。

有没有托叶以及托叶的形态，对于野外分科帮助甚大。例如，蓼科有膜质托叶鞘，茜草科的柄间托叶成鞘状，且叶对生，蔷薇科蔷薇属的叶柄与托叶连生，木兰科、桑科榕属及茜草科植物可见到托叶环痕。

一般来说，互生叶的植物种类更为普遍，对生叶或轮生叶的较少，常见的对生叶的科有茜草科、夹竹桃、萝摩科、藤黄科、苋科、金粟兰科、石竹科、卫矛科、木犀科、忍冬科、金丝桃科、紫葳科、省沽油科、马钱科、瑞香科、槭树科、石榴科等。

3. 花和果的外形比较

花、果特征是鉴定植物的主要依据，而在野外实习时却往往不逢花期。不过，有些花序、果实存在时间较长，可以帮助辨别。

具头状花序的科有菊科、含羞草亚科、川续断科和谷精草科。

有的科中，植物具有翅果，易于辨别。例如，薯蓣科植物是 3 翅蒴果；榆科植物的翅果如钱币，称为榆钱；杜仲科的杜仲长有 2 边翅的翅果；槭树科的翅果双翼展开；胡桃科的翅果两侧具宿存苞片；蓼科的瘦果具宿存花被呈 3 翅状；败酱科的瘦果带翅状苞片；木樨科白蜡树属的果单翅；秋海棠科的蒴果具 3 枚不等大的特殊"翅"；苦木科的翅果具单翅。

二、感官鉴别

在野外常可用手折断、触摸、揉捻鲜生植物的茎叶及根来辨别植物。

1. 嗅闻气味

有些科的植物，揉捻其叶子可嗅得芳香气味，有香气的木本科有木兰科、八角科、樟科、桃金娘科、芸香科、番荔枝科、橄榄科。马鞭草科常具有特殊的臭气。有香气的草本科有唇形科、伞科、胡椒科、姜科、菊科的蒿属等。败酱科植物的根具特异臭气。此外尚有一些芳香的植物散见于其他科，如天南星科的石菖蒲、玄参科的毛麝香、马兜铃科的土细辛、百合科的葱蒜等。在有芳香气味的科中，不同的科其芳香气味常常不同，在实践中应把握其特异特征，如唇形科的薄荷具清凉薄荷气味而与菊科的艾纳香的冰片味不同，胡椒科的石楠藤有辛辣叶，桃金娘科的大叶桉则有桉油味。同科植物的香气也常有差异，如伞形科的芫荽有芹菜味，而同科的金鸡爪具柠檬味；樟科的阴香、乌药有樟脑味，而同科的山苍子具豆豉与姜的混合气味；芸香科的两面针带柑橘味，而同科的吴茱萸具刺鼻气味；马鞭草科的臭牡丹叶很臭，而同属的桢桐叶臭味不同。

有些植物的根也有气味。例如，五味子科的黑老虎，其根皮揉碎可闻到番石榴气味，因而可与同属植物风莎藤区别，蔷薇科的地榆鲜叶具生黄瓜味，这些都有助于辨认植物。

2. 观察乳汁

有些科的植物，把其嫩枝、叶柄折断可见断面有汁液流出，据此可以鉴别。具有白色乳汁的科有桑科、夹竹桃科、大戟科、番木瓜科、桔梗科、菊科舌状花亚科、萝藦科等。具有有色液汁的科有藤黄科、罂粟科、山榄科等。

3. 其他

有些科的茎皮纤维丰富，茎枝不易折断，如锦葵科、桑科、大麻科、荨麻科、椴树科、榆科等。

有些植物叶面粗糙，如榆科的许多种类、五桠果科的锡叶藤等。有的植物叶子揉捻后有黄色汁液，可把手指染色，如唇形科的溪黄草；有的则变黑，如菊科的旱莲草。爵床科山蓝的叶撕烂后放在水中浸泡，有一丝红色汁液渗出，故又名"红丝线"。杜仲科的杜仲，撕开叶子可见有十分细密，且具弹性的胶丝牵连。冬青科叶子撕开也有较短的细胶丝。此外，卫矛科的少数种类也具类似的特征。

三、生境鉴别

植物生长有其特定环境，尤其是有些植物类群和种类生长环境十分特殊，可从生境区别于其他植物，如寄生植物、共生植物、水生植物。

半寄生植物的科有桑寄生科、檀香科等。全寄生的科有列当科、蛇菰科、锁阳科。此外，有些科中有寄生植物，如旋花科的菟丝子，樟科的无根藤，龙胆科寄生龙胆。

兰科的天麻与蜜环菌共生且不具有绿色的叶，容易辨认。

水生习性的科甚多，较常见的有睡莲科（为浮水植物）、金鱼藻科多（为沉水植物）、浮萍科（为漂浮植物）。常见的水生蕨类植物有满江红科、苹科。

第三节　采集制作植物标本

一、采集

采有代表性的植物标本，即生长正常、充分成熟、形态完整且无病虫害的植物，对采集部位的具体注意事项如下。

1. 草本植物

采集草本植物时，要采全株，特别注意要采集花、果。如果地下有根茎、块茎、鳞茎、块根等，一定要一起采集，特别是百合科、天南星科、薯蓣科、兰科等科的植物。高大草本常有基生叶和茎生叶两种不同的叶型，因此两种叶型都要采集，如伞形科、菊科植物。有些科因鉴定上需要，要特别注意采到应有的部位，如兰科要有花，伞形科、十字花科要有果，禾本科、莎草科要有花序，苔藓植物要带有孢蒴、雌雄器官及无性芽，蕨类植物必须采具孢子囊的孢子叶及其着生的一段根茎，否则很难鉴定。

2. 木本植物

采集本木植物时，要采有花、果的带叶枝条，且要注意以下几点：

（1）雌雄异株植物。这类植物，如防己科、桑科植物，应在附近搜寻不同性别的植株，分别采集；雌雄同株植物不同性别的花和花序要采全。

（2）寄生植物。这类植物应将寄主也采一部分，并记录其寄主。

（3）大羽状复叶植物。这类植物叶太大，没办法采全，可选取有代表性部分，但至少要保留顶端。另外，可以记录或拍摄照片补充。

（4）叶形不同植物。这类植物，如悬钩子属、楮属，要把不同的叶型采全。

（5）植物特殊部位。有的植物上有特殊的器官，如棘刺、卷须、珠芽等，应注意采集齐全。竹类要采根茎、箨叶。此外，若需要采集种子或幼苗标本，应与成年带花、果标本一起采全。

3. 水生植物

采时如水深可用采集杖或长绳设法采集，以防发生危险。若植物很柔嫩，捞起后应先用湿纸包住，回驻地置水盆中等到恢复原状后，用较硬的旧纸托出水面，再置于干草纸里压制。有地下茎者应采其中一段，以示花柄和叶柄着生的情况。

4. 其他植物

采集藻类、伞菌、菌核和苔藓植物时，要用采集刀从基部把植物体挖出，生长在岩石、腐木或树皮上的，最好带少部分泥土、木材或树皮；对于具菌托或假根的伞菌，一定要连菌托或假根一齐挖起。挖起的标本务必保护好易脱落的菌环、菌托或其他附属物。同时要注意观察和记录该植物标本的生态环境与周围的关系。

菌类生长的季节性很强，需要在不同季节多次采集，不同年份重复采集，才能获得一个地区的比较完全的标本。

二、编号与记录

1. 编号

植物标本采集后，在标本不易脱落的部位挂上植物采集号牌，植物采集号牌标签上填好采集者、采集号、采集地点及日期。每个采集者（或采集队、组）的采集号应按顺序连贯编号，不可重号、空号，也不要因时间、地点的改变而另起编号。在同时同地所采的同种植物应编为同一号数，若不能确定是同种，应分开编号并予以注明。同号标本至少采 3 份以上，多则视需要而定。雌雄异株植物应分别编号并注明两号的关系。

2. 记录

编号挂牌的同时应对标本尽量进行解剖、观察和记载，尽量当场填好植物标本采集记录表。

植物标本采集记录表中填写的内容是标本压干后不能观察到的特征或习性，主要有生长习性，高大植物的高度，树皮的形态及剥落情况，生长情况，植物的花、果、叶的颜色和气味，叶面有无白粉，植物有无乳汁等。生长环境，如海拔、立地条件等，对室内鉴定标本以及以后引种栽培有重要参考价值，应及时填好。依据解剖和观察到的植物特征对植物科、属、种进行初步判断，填写科名、种名、地方名，不能判断的可以空白。使用价值和有毒情况等可向当地群众学习了解后填上。

进行采集记录和填写植物采集号牌应用铅笔或油性记号笔，多份可用复写纸复写。

三、腊叶标本压制

植物标本最好随采集，随压制，如在野外无暇压制，可在带回驻地的当天压制。

1. 修剪标本

把标本上多余无用或密叠的枝叶剪去，避免遮盖花果。留下有代表性的部分约为 25 cm×35 cm，以适应标本夹和吸水纸面积的规格。

2. 放置标本

先取一块一端绑有粗绳的标本夹板做底板，上置吸水纸 4~5 张，然后放上已展平的标本，上面再铺吸水纸若干张，如此间隔放置标本和吸水纸，放完标本后在上面多铺几张吸水纸，加上另一块标本夹板，用绳捆紧置于干燥通风处。要注意以下几点：

（1）标本的首尾在上下两层之间要交替放置，使夹内的标本和吸水纸平坦而不倾倒。

（2）放吸水纸视标本情况而定，一般为 2~3 张，若为多汁难干者则多放几张，遇坚硬、粗大部分，如棘刺、小核果、块茎等，可将吸水纸折叠垫高低处再铺纸。

（3）40 cm 以下草本植物连根整株压制，小植株可几株一起放。

（4）高大草本可将其茎适度折叠成"V"形、"N"形或其他形状后放置（不可直折，需将折口略为扭转再折），也可先将形态上有代表性的茎剪成上、中、下三段分别放置,但要挂上同一编号的号牌。对叶片巨大者,也可剪去叶的一半或剪去羽状复叶叶轴的一侧,但保留顶端。要求是标本的任何部分都不留在吸水纸外。

(5) 柔嫩的叶和大型花朵可用单张吸水纸包住。以后换纸时连同这张吸水纸一起更换。

(6) 特殊处理。①果实或地下部分过大时,如鳞茎、块茎等,可另行烘干、晒干或浸制,但必须与标本一起编同一个号。为显示其内部构造,亦可将其纵切、横切为厚约1 cm的薄片,置标本夹内压平,肉质多汁的花或果亦可剖为两半压干,将有关特征另行补充记录。②肉质植物不易压干,且有继续生长的可能,如天南星、兰科、景天科、马齿苋科等科的植物,可用沸水浸泡 0.5～1 min 以杀死外层细胞后压制。沸水中加入少许食盐可减少褪色。有些植物的叶干后极易脱落,如大戟科、木棉科、松柏类的某些植物,也可用此法处理。花不可以浸于沸水中。③肉质多髓心的茎,可破开去其髓部,然后压其一部分,仙人掌类可切取有花果的一面压,另行补充记录有关特征。④保存肉质花果时,用广口磨砂玻璃瓶做标本瓶,浸液用10%福尔马林。材料挂上铅笔两面写好的号牌(注:与标本同号)浸入,瓶口用白蜡封闭,瓶外另贴标签,另行编号。在标本上台纸后可注明与液浸标本某号同,以便随时取出液浸材料解剖。浸液还可选用 30%～50%酒精加少许甘油或 10%福尔马林:50%～70%酒精:水 = 1:3:6;封口可选用凡士林、明胶或 1:2 的松香:二甲苯溶液。

3. 捆扎标本夹

轻压夹板一端,用底板上粗绳先绑一端,绑时略加压力,同时在另一端以同等压力顺势下压,使内压前后端高低一致,接着手按已绑前端,移开身体改用一脚踏住,绑好对角线另一端,换绑另一对角线,最后在盖板上方打好活结。

4. 换纸

本步骤的任务是对号、换纸、整形、垫平。压制高质量的腊叶标本,要求"全、包、平、形",其中除"全"主要看采集质量外,其余与换纸有密切关联,故换纸是决定采制标本好坏的关键。

(1) 新压标本当晚换干纸 1～2 次。在第一次换纸时要查对采集号是否与野外记录一致,还要进行整形。做法如下:小心松开密集、折叠的枝叶、花等,摊平叶子,把一部分叶子翻转,以便上台纸后随时观察叶背特征;剪去多余枝叶,将脱落或多余的花、果及叶子装入纸袋,写上同一编号并紧随标本。此时标本比较柔软,易于整理;若到快干时整理则容易折断。因此,第一次换纸是关键中的关键。

(2) 第二天以后每天换 1 次干纸,每份标本所需干纸视情况而定,但要注意垫平以免标本变形。换出湿纸可晒干、烤干、烘干,以便重复使用。

(3) 柔软、纤薄的标本换吸水纸时易于褶皱和损坏,需要特别小心。可先用干纸覆盖在标本上,然后连标本下的湿纸一起翻转,再轻轻的掀去湿纸,这样可使其完全平展而不易损坏。

(4) 换纸后把标本夹捆紧,可置阳光下直射或近微火烘烤促其快速干燥,但切忌直接烘干或晒干标本以免标本卷缩。

(5) 压制 3~5 天后,标本稍干,此时捆扎不宜太紧,以免标本折坏,一周左右可完全干燥。判断标本干燥与否主要依靠经验,一般情况下,若标本举起时各部分坚挺,小枝变脆易折断,则表明已干。

(6) 换纸时要小心检查,勿遗漏和丢失标本。

换纸也是一个重要的学习机会。学生通过观察植物标本从湿至干的变化过程,可积累辨识干标本的经验。

四、标本的室内处理

标本完全干燥后,进行消毒、装订、编号、鉴定并入柜保存。

1. 消毒

野外采回的标本不免带有害虫虫卵和多种微生物。存放日久,会发霉生虫,造成大害,故保存前需经消毒杀虫。消毒杀虫的方法有多种,下面介绍常用的两种。

(1) 浸泡消毒。用含 0.5%~1% 升汞($HgCl_2$)的 75% 乙醇溶液浸泡。方法如下:将药液置于大搪瓷盘(忌用金属制品,以免与升汞起化学反应),把标本一一浸入片刻,用竹筷取出重新压干,可避免生虫发霉。

注意:升汞有剧毒,应戴上胶皮手套和口罩小心操作。

(2) 熏蒸。把标本放入密封的消毒室或消毒箱中,将敌敌畏或四氯化碳-二硫化碳混合液置玻器内,放入标本熏杀 3 天,再取出装订。亦可用二硫化碳固体来熏蒸。

注意:二硫化碳挥发形成的气体较空气重,因此应将其放于标本上方。

2. 上台纸

台纸是一种较厚而致密的白纸,用于将标本固定在上面,便于入柜保存和取阅。台纸的标准尺寸是40 cm×29 cm。装订时一定要注意预先留出左上角和右下角,便于贴植物标本采集记录表和定名签。上台纸的方法有如下几种:

(1) 胶贴。取适量树胶加水加热熔化,稍加水杨酸粉末防腐剂,用毛笔刷于标本背面(注:为便于解剖观察,花一般不粘贴),将之贴在台纸上,用吸水纸覆盖上略加压力,经过一夜取出即可。若粘贴不牢固,可在标本紧要处或易脱落处用针线补订几针。

(2) 线订。把标本置于台纸上,用针线将标本枝、叶、花等部分订牢在台纸上,尤其注意树皮、块根或大的果实要订牢。线结要小,并打在各台纸下面。此法简捷，但效果稍差。

（3）纸订。先把台纸放在木板上，标本置于台纸上。在枝、叶柄、主脉、花序柄、花柄、果柄等处，用平口木刻刀在台纸上左右各切一块，再从该纵切口穿入具韧性的细白纸条，同时用手在台纸背面轻轻拉紧纸条两端，分开用胶水在台纸背面贴牢。此法美观牢固，但较费时间。

（4）对体积过小的标本不必订贴，如浮萍等，可放在一个折叠的纸袋内、信封或小塑料袋，贴在台纸中央，便于取出观察。

上台纸的方法较多，各有长短，可酌情灵活选用或结合应用。但装订时均应细心，尽量使标本牢靠、美观并便于观察。装订时标本上脱落的任何部分，如花、果、叶等，必须及时收集，装入纸袋中，附贴于原标本台纸上的适当地方，并在袋上写上采集者、采集号。

上台纸的标本可用一张较薄的衬纸隔开，以减少磨损。

3．鉴定和编号

标本上台纸后，就要进行科、属、种的鉴定，主要依据标本的特征及采集记录，再查阅有关资料，由科、属至种而定出该种标本的拉丁学名，认真核对后，填好定名签贴于台纸右下角，同时重抄一份该种采集记录贴在台纸左上角。

每份标本鉴定完，在收藏入柜前应由标本室人员分配一个标本室号码，并登记于标本室编号簿上。此号码是连续的，标本的总份数可凭此号知晓。

4．标本的收藏

定名和编号后的标本后应放入标本柜中保存。标本柜以铁制的最好，亦有木制的，门双开，内有活板隔为若干格，分置不同类群的标本，柜门要密封，柜内应放有樟脑等杀虫剂，并注意防潮防霉，还可定期适当熏蒸杀虫。

标本应按一定排列顺序入柜，否则标本太多时，查找不到。收藏前标本的次序至关紧要。标本室一经建立，即应制定一套完整的固定顺序，否则遇到工作繁重时，就会杂乱无章。可据不同情况、不同需要及标本的多少采取不同的排列方式。一般是按分类系统排列，通常采用恩格勒系统或哈钦松系统进行分科排列，每个科内的属和属内的种则依拉丁学名的首字母顺序排列，以方便查阅。

第四节　实习纪律与成绩的评定

一、实习纪律

在整个植物学野外实习过程中，学生必须遵守实习纪律。实习纪律如下：

（1）实习学生必须服从实习队的统一领导，一切行动服从带队教师的安排，不得擅自行动，有事外出必须向带队教师请假，且必须 3 人以上同行。

（2）遵纪守法，增强法制观念。尊重当地的风俗习惯，讲文明，懂礼貌。

（3）尊重实习地点的领导和工作人员，虚心向他们学习和请教。

（4）提高警惕，保证安全。不冒险，不擅自攀爬到危险的地方去，不得私自下河道涉水、游泳。

（5）严禁在山上抽烟、点火、防止火灾，严禁在山上乱抛石头；防止意外事故发生。

（6）爱护公物，保护资源，不得随意挖摘草木、果树；严禁进入耕作地破坏庄稼。保管好一切实习工具，实习结束时办清交接手续，损失照价赔偿。

（7）遵守作息时间，爱护公共卫生，维护公共秩序，团结友爱、相互帮助，发扬集体主义精神。

（8）实习期间，学生干部要以身作则，积极配合搞好实习各项工作。

（9）违反纪律，轻者给予批评教育，严重者，终止实习，遣送回校并报学校给予纪律处分。实习成绩以零分计算。

二、实习成绩评定

成绩评定是促进实习的重要手段，也是衡量实习效果的标志之一。成绩评定包括考核学生实习思想表现、实习作业完成情况、实习考试 3 个方面。

1. 实习思想表现

实习思想表现占 20%，包括：

（1）实习目的态度，占 10%，要求实习目的、任务、要求明确，态度端正，实习认真。

（2）遵守实习纪律，占 10%，按实习纪律要求评分。

2. 实习作业

实习作业占 30%，包括：

（1）描述观察到的植物 3~5 种，占 10%，按要求评分。

（2）压制植物标本，占 10%，检查压制的标本，按要求评分。

（3）实习报告与总结，占 10%，检查学生的实习报告与总结，按要求评分。

3. 实习考试

实习考试占 50%。

实习结束时，统一抽考 50~100 种植物，要求识别到科和种。通过试卷评分。

第三章 植物资源调查

我国幅员辽阔，自然条件多样，植物种类非常丰富，仅高等植物就有近三万种，居世界第三位。植物资源是一种可再生的自然资源。植物资源类型多样，以其在自然界存在的不同形式分为植被资源、物种资源、种质资源；以其在植物界所处的系统位置分为藻类、真菌、地衣、苔藓、蕨类、种子植物资源；以其目前利用的状况可分为栽培植物资源与野生植物资源；以其性质与用途区分，则有一些不同的分类体系。在《中国资源科学百科全书》中，将种子植物按用途区分，分为9类：食用植物资源、工业用植物资源、药用植物资源、保护和改造环境植物资源、有毒植物资源、牧草及饲用植物资源、种质资源、特有植物资源、栽培植物资源。资源植物具有多宜性特点，如某种植物的果实可食，而花则可用于观赏，或者是优良的防风固沙植物。为了充分开发利用植物资源这座宝藏，做到合理采收，充分利用，必须先进行资源的调查研究。

我国的植物资源中，有丰富的药用植物资源。从1958年起，曾进行过三次全国性的药用植物资源普查，对药用植物的种类、分布、重点品种的蕴藏量已基本掌握。但是，随着环境条件的变化，人类生产和生活条件的影响，药用植物资源也在不断发生变化。2011年我国又启动了第四次全国中药资源普查试点工作，并拟定在普查试点以后开展全国第四次中药资源普查。

第一节 植物和自然环境的关系

植物依存于其生活环境，不同的植物对环境条件的要求不同。环境条件影响药用植物的生长、发育，也影响它的外部形态、内部结构、生理、化学成分的形成和含量。影响植物的环境因子是综合性的，其中包含许多性质不同的单因子，每一单因子在环境中的质量、性能、强度对植物都起着不同的作用。其中，影响植物的因子有气候、土壤、地形、生物、人为五种。掌握这些因子与植物之间的关系对于我们开展资源调查是十分有用的。

一、气候因子

气候因子包括光、温度、水分、空气等。

1. 光

光对植物的生态作用包括光照强度、日照长度、光谱成分等。光照强度随纬度、海拔、地形、坡度、坡向、季节、昼夜长短的改变而改变。光照强度，从赤道到两极，随纬度增大而减弱，随海拔增高而变强；南半球的北坡光照强，北半球则相反，一年中夏季最强，一日里中午最强。光谱成分，低纬度和高海拔的短波光多，高纬度和低海拔的长波光多。

植物由于长期适应不同的光照强度，形成阳性、阴性、耐阴三种类型。阳性植物生于高山、草原、向阳地，只有在强光照的环境中才能生长发育健壮，如雪莲花、刺蒺藜、马齿苋、白茅。阴性植物生于林下、阴坡，只有在较弱的光照条件下才能生长发育健壮，栽培需搭棚遮阴，如羽叶三七、黄连、天南星。耐阴植物是指在全日照下生长最好，也能在较阴的地方生长，只是不同植物耐阴程度不同。其特征介于阳性植物和阴性植物之间，如山毛榉、侧柏、桔梗、党参等。

植物对日照长度的适应，形成长日照植物、短日照植物、中日照植物、中间类型的植物四种类型。如果引种，要了解该植物原产地的日照情况。

2. 温度

植物的生命活动都必须在一定的温度范围内进行，在这一范围内，温度升高，植物生理、生化反应加快；反之，则减慢。超过这一范围，植物则受害甚至死亡。同一种植物不同发育阶段对温度要求不全相同。温度变化受空间（纬度、海陆位置、海拔、地形）和时间（季节和昼夜）的制约。

（1）纬度变化对温度的影响。从赤道向两极，纬度每增加1°，年均温度降低0.5 ℃，因此可将全球划为6个气候带：①极带，全年气温在-10 ℃以下；②寒带，全年有1~4个月温暖，其余寒冷；③寒温带，夏暖冬冷；④暖温带，夏季炎热；⑤亚热带，夏季炎热的时间长；⑥热带，全年气温在20 ℃以上。

（2）海陆位置对温度的影响。沿海地区，受海洋季风影响而温暖湿润，属海洋性气候；离海远的地区，夏季酷热冬季严寒，年温差大，属大陆性气候。

（3）海拔对温度的影响。海拔每升高100 m，气温降低0.5~0.6 ℃。

植物长期适应一年中四季和昼夜温度的改变，也表现出温度节律性，此节律称为物候，植物在不同季节的气温下表现出发芽、生长、现蕾、开花、结实、果熟、休眠等生长发育阶段，这些生长发育阶段称为物候期。植物的物候期直接受当地气温的影响，间接受经度、纬度、海陆位置、海拔、地形的影响。例如，起源于高海拔及北方的植物，种子要经过一定时间的低温刺激才能萌发，有的种子要秋播就是这个原因。贝母属植物生长于高山，胚的发育及种子的萌发，必须经过一段低温刺激才能完成。

温度与产品的关系大，如紫花洋地黄、欧薄荷的有效成分含量与年均温度的呈正相关关系。物候期反应植物产品的数量，如茵陈蒿（*Artemisia capillaris* Thunb.）在幼苗期不含利胆成分蒿属香豆素，在花蕾待放时最高，槐的花蕾芦丁含量高，开花后降低。因而，对不同种植物在不同物候期有效成分含量的研究，在生产上有很重要的实用价值。

3. 水

水是植物生存的极重要因子，体内的一切生理活动都必须在有水的条件下进行。根据水的分布，可分为大气水（包括空气湿度、雨、雾、露、雪）、土壤水和潜水（地下水）。以水为主导因子的植物，有陆生植物和水生植物。陆生植物又根据所依赖的水分状况分湿生植物、中生植物和旱生植物三种类型。湿生植物指生于潮湿的环境中的植物，它们有的生于潮湿的林下，如人参属、重楼属、天南星属植物；有的生于阳光和水分都充足的地方，如灯心草。中生植物指生长于水湿条件适中的地方，种类是最多的。旱生植物指生于干旱环境中的植物，它们有的叶片退化为针刺状以减少蒸腾，如麻黄、木贼、天冬属植物；有的变成多浆植物，如景天科、仙人掌科、芦荟属植物等。

二、土壤因子

土壤是供应植物水分和无机盐的基地。土壤对植物的影响因素包括土壤的质地、水分含量、土壤肥力、土壤中的空气、土壤温度、酸碱度等。土壤的质地分壤土、黏土、沙土。土壤质地均匀，保水、保肥、通气均好，则最宜植物生长。黏土保水、保肥力强，但通气、透水力差。沙土通气、透水力好，保水、保肥力差，易干旱。土温对种子萌芽、无机盐溶解及根的吸收都有直接影响。土壤的酸碱度以 pH 表示，分五级：pH<5.0 为强酸性；$5.0 \leqslant pH \leqslant 6.5$ 为酸性；$6.5 \leqslant pH \leqslant 7.5$ 为中性；$7.5 \leqslant pH \leqslant 8.5$ 为碱性；pH>8.5 为强碱性。

植物适应不同酸碱性的土壤而分为：①酸性土植物，喜生于酸性土中的植物有石松、垂穗石松、茶、铁芒萁、杜鹃、马尾松等；②碱性土植物，在西北、东北、华北的一些盐碱地上生长的植物有地肤、丝石竹、柽柳、罗布麻等；③中性土植物，在西北、华北、东北的一些钙质土上生长的植物有甘草、蒺藜、枸杞、柏等。这些间接指示土壤性质的植物叫指示植物。多数植物喜生于中性偏酸的土壤中。了解土壤因子对植物的关系，对植物资源调查和植物的引种栽培有重要的实用意义。

三、地形因子

地形的巨大起伏（形成高山、低谷、平原、丘陵）和局部变化（坡度、坡向）都会影响气候因子（光、温度、水等）的分配变化，从而影响植物的生长发育和分布，如阳坡生长喜光喜暖的植物，阴坡生长喜阴喜凉的种类。绝对生于高山和平原的物种，互相对调生存环境都不能成活。有的植物要求一定的海拔、光照和水分，如三角叶黄连分布在海拔 1700～2500 m 的多云雾、潮湿的山地林荫下，暗紫贝母生于海拔 3200～4300 m 的向阳山坡草丛中或灌木丛下，砂仁分布于海拔 50～400 m 地段。海拔对植物有效成分的影响随种而异。试验表明，唐古特山莨菪在四川馈霍地区，从海拔 3650 m 起，同一物候期其根内所含托品类生物碱的量随海拔升高而增加，到海拔 3850 m 后，则随海拔升高而下降，薄荷，生于平原的比生于山上的含油量高。

四、生物因子

生物因子主要是指植物之间、植物与动物之间的相互影响。植物之间的相互影响有寄生、共生、附生。寄生植物有蛇菰属、菟丝子属、桑寄生属、列当属及多孔菌科的一些植物，寄生植物大量繁殖能导致寄主死亡。共生关系中种类最多的是地衣类植物，豆科植物与根瘤菌也是著名的共生例子。附生植物为被附生植物提供树干、枝条、叶片等生长场地，如兰科、蕨类的一些种等。

植物与动物之间的相互影响有：昆虫帮助植物传粉，对植物的繁殖作用很大；动物帮助植物传播果实和种子，或因这类植物的果实和种子表面有钩刺或毛，能黏附在动物身上，如苍耳属、鬼针属，或因果实或种子的种皮坚硬，鸟类吃了难以消化，从粪便中排出，如桑寄生属的种子。草原上，豆科与禾本科的植物被牲畜取食后，留下有毒的乌头属使其得以蔓延。掘土的动物如鼠类、旱獭，以草为食，又破坏了草场。

五、人为因子

人类有意识地、主动地进行生产活动，对植物的影响最大。人类对森林的采伐不当，对有经济价值的植物过度采集，使生态失去平衡或导致水土流失酿成灾害，一些物种随之濒危或灭绝。因此，合理开发利用植物资源，建立自然保护区，大量植树造林，保持生态平衡是当务之急。人类把野生植物变为家种，对已栽培成功者进行产量和质量提高，有意识地扩大了植物的分布区，如北药南移，南药北移。例如，三七在四川引种，生长良好；美洲产的西洋参在北京市的怀柔县试种成功等。

第二节　植物资源调查准备和工作开展

一、调查前的准备工作

根据调查目的和任务，组建一支有吃苦耐劳精神、具备较高工作水平、熟悉调查方法、掌握调查技术的调查队，是完成调查任务的有力保证。此外，还需制订调查队工作计划。其内容通常有目的、任务、调查的主要内容、调查方法、日程安排、总结、成果处理以及调查经费来源及开支范围。详尽搜集和查阅调查地区的有关资料，如地区性的植物调查报告、地方植物志、地区的自然地理、气象、土壤、农业、林业、交通等情况；有关该地区的地图资料（植被图、地形图、行政图）；有关该地区资源植物收购部门的历史资料，如历年收购的品种、数量、分布、产地。召开当地有关部门和熟悉当地植物资源的人员的座谈会，他们对当地植物资源的种类、分布、产地、购销应用了解深入，提供的信息极为实用。需要注意的是，不能只用当地目前收购种类的数目来代表该地区植物的种类，必须有一些还没有被当地发掘利用的植物资源。还可以从该地区的气候、土壤、海拔等自然条件及邻近地区的自然条件、植被状况、植物种类等来推测要调查地区的植物资源概况。对上述资料整理后，确定调查地点和路线，根据气候条件、交通、植物的花果期、资源利用部分的采集季节等因素，确定调查的先后顺序，注意点、面结合，并拟订工作日程表。如果参加调查的人员较多，存在业务水平悬殊，则需对调查人员进行培训，了解有关植物资源调查的专业知识和仪器的使用，以统一认识、统一方法，并进行必要的实习。使不同地区、不同人员在技术要求上接近一致，尽量减少误差。

二、野外调查工作

植物资源野外调查的基本方法包括路线调查、样方调查和访问调查等。

（一）线路调查

按事先拟订的调查路线和预定的日程调查采集，观察植物群落、生态环境。

1. 标本采集

参见第二章第三节。

2. 实验样品采集

不同类型的资源植物，其样品的采集方法不同，下面介绍几类：

（1）纤维植物。对一般双子叶植物，可直接剥其皮部，用木棒锤打，并在钉梳上来回撕拉，再在水中揉搓漂洗，除去纤维以外的杂质，仅留纯净的纤维束。对一般单子叶植物（禾草、莎草、蒲草等），可以割取其地上部分。所得到的样品，要放在阴处风干保存。这种风干的样品，应不少于2000 g。样品应进行登记，并挂好号牌。

（2）油脂植物。采集含有油脂的果实种子（或其他部分），带回住地晾干，要经常翻动，以免受热生霉，也不能用火烘炒，以免变质。样品一般要采 2000～

3000 g。如果含油量较低,则应采集 3000~4000 g。样品晾干后,进行捣碎,除去硬壳和外皮、用压榨器进行压榨,得到流出的油脂。油脂要存放于暗色的玻璃瓶内,避免受高温和日晒。榨油时应取定量的样品,以记录压榨后的出油量。榨出的油脂留作室内测定时用。

(3) 芳香油植物。芳香油又叫精油,是芳香植物组织经过水蒸气蒸馏等方法得到的挥发性成分的总称。其主要组成为单萜及倍半萜类化合物。这些挥发性物质大多具有发香团,因而具有香味。芳香油主要存在于植物的茎、叶、花、果中。不是所有具芳香气味的植物都有利用价值,除特殊芳香气味的种类以外,一般含油量需达到 0.05% 以上,才有开发利用的价值,所以在野外凭嗅觉判断为芳香植物后,不要马上大量采集样品,要先采集少量样品(50~200 g),带回室内蒸馏,如含油量超过 0.05%,再大量取样。由于芳香油在植物体内存在的部位不同,因此采集方法和需要数量也有不同。草本植物可割取地上茎叶,木本植物则采摘所需要的部分。在采集茎叶时,宜在无风的清晨进行,不要在夜晚以及下过雨或通夜刮风的清晨采集。花朵宜在花初放时采摘。果实宜在将成熟时采摘。这些时候通常是含油量最高和质量最好的时期。采到样品后,需要摊在阴处风干,经常翻动,促使干燥,以免生霉变质。由于芳香油容易挥发,不能在阳光下晒干和用火烘干。干燥后的样品,质量应不小于 2000 g。

(4) 淀粉植物。淀粉是高分子的碳水化合物,是植物的贮藏物质,多存在于种子、根、根茎和块根中。采集含淀粉的种子或地下部分,摊在阴处,使其逐渐干燥。

(5) 鞣料植物。鞣料是多元酚的衍生物,多含于木本植物的树皮、枝条、树叶和草本植物的茎秆中,特别在树皮中含量最高。在野外确定单宁植物最简单的方法是,用一把无锈的铁制小刀,切开要检验的材料,如果含有单宁,小刀及断面上很快变成蓝黑色。或用 1% 铁矾 [$FeSO_4 \cdot Al_2(SO_4)_3 \cdot 24H_2O$] 溶液滴在断面上,如呈蓝绿色,即说明有单宁存在。采集含有单宁的植物的枝、叶、树皮、根、果实以及虫瘿等。带回风干或晒干,干后的样品应取 1000~2000 g,虫瘿则取 500 g 即可。

(6) 药用植物。药用植物的药效成分各种各样,并存在于植物体的各部分。样品采到后,迅速阴干,放入纸袋或布袋中保存。若有毒,应作特殊包装和注明,不要随意放置。供室内测定的样品,应不少于 1000~2000 g,药用植物由于种类繁多,成分各异,一般设备往往不易弄清成分,可将样品送有关单位代为测定。

(7) 橡胶植物。橡胶在植物体内常以溶胶的状态存在于乳管中,如橡胶树、橡胶草;或存在于叶和茎皮层的薄壁细胞中,如银胶菊。当这些植物被砍伤或折断后,就有白色乳汁流出,乳汁中除橡胶外,还有蛋白质、糖类、树脂、无机盐等其他物质。此外,橡胶也呈凝集状态存在于植物体内,如杜仲、卫矛属的某些种以及橡胶草的老根部分。这些植物被折断后则可见到许多弹性细丝。对有乳汁的橡胶植物，可割取其乳汁，将乳汁加热去水（在 30～40 ℃下），使其凝固成胶块，取样品 200 g 左右。对橡胶在体内呈凝集状态在的植物，草本割取其整株，木本则采集含胶部分，晒干后取样品 3000～4000 g 即可。

（8）树脂树胶植物。树脂树胶是植物伤口的流出物或分泌物。树脂流出后，暴露于空气中，所含的挥发性物质挥发后，逐渐变黏而干燥，其质地发脆，遇热发软熔化，遇水不溶也不膨胀，易燃，燃烧时有浓厚黑烟。树胶包括真树胶和植物黏液。前者遇水溶解；后者遇水膨胀，加热后碳化。采集时，要在树脂树胶植物的树干上打洞、削皮、砍伤，取树脂常于树干基部砍剥，取树胶常在树干上部，砍剥不应大于三分之一树干的圆周，以免树木死亡，但也不能过小，否则脂胶流动太慢。下部的砍口应作"V"形，以使脂胶集中下流。在伤口下方放置小瓶或小瓷罐，接取流下的脂胶。为了避免伤口堵塞，每天要定时刮取流出的液体。由于脂胶流得很慢，瓶罐需要放置 1～2 天。取量在 1000 g 左右。

3. 观察植被和群落

植物群落就是在一定地段上由一定植物种类共同生活在一起，表现出一定的层片和外貌，在植物与植物间、植物与环境间有一定的关系。某一地区所覆盖的各种植物群落的总和，就是该地区的植被，如峨眉山植被、九顶山植被等。植物群落以群落中的优势种类命名，若群落中有成层现象，就取各层的优势种命名，同层中种名与种名之间以"+"连接，异层间以"-"连接，如落叶松-兴安杜鹃-草类植物群落、麻栎+鹅耳枥-荆条-糖芥群落。

在植物群落的观察中，还要注意植物的多度（或密度）、盖度和郁闭度、频度。

多度（或密度）是指群落中某种植物的个体数目。确定多度的方法有两种。一是记名记数法。直接统计出样地中各种植物的个体数目，计算公式是如下：

$$某种植物的多度 = 样地面积内该种植物的个体数目 \div 样地中全部种的个体数 \times 100\%$$

本法多在研究具有高大乔木的群落或对群落进行详细研究时采用。二是目测估计法。这种方法比较粗略，但迅速，仍可用。用相对概念表示：非常多（背境化+++++）、多（随处可见++++）、中等（经常可见+++）、少（少见++）、很少（偶见+）。

盖度是指植物（灌木或草本）覆盖地面的程度，又分为投影盖度和基部盖度。投影盖度是指某种植物的枝叶在一定面积的土地上投影覆盖土地的面积，广义的盖度指的就是投影盖度。基部盖度是指某种植物的基部在一定面积的土地上所占有的面积。投影盖度和基部盖度都以植物覆盖样地的百分数表示，如某种植物投影面积（或基部占有面积）占样地的 30%，则其投影盖度（或基部盖度）为 30%。郁闭度是指乔木郁闭天空的程度，如样地内树冠盖度为 50%，则郁闭度为 0.5。

频度是指药用植物在群落中分布的均匀度或某种植物在群落中出现的样方百分率。统计方法是，在该种植物群落的不同地点，设若干样地，然后以统计出现该植物的样地数除以设置样地的总数，所得之商换算成百分率，公式为

$$频度 = 某种植物出现的样地数 \div 全部样地数 \times 100\%$$

例如，兴安杜鹃在某个"落叶松-兴安杜鹃-草类群落"中的频度调查，共设样地 15 个，经调查后统计，有 7 个样地里出现兴安杜鹃（不管多度如何），则其频度 $= 7 \div 15 \times 100\% = 46.5\%$。测定各种植物的频度时，样地面积要小，设置 10 个以上。

（二）样地调查

1. 样地设置与调查

在调查区内，选择不同的植物群落设置样地，在样地的一定距离设置样方，草本为 $1 \sim 4 \ m^2$，灌木为 $10 \sim 40 \ m^2$，大灌木和乔木 $100 \ m^2$。样方调查常用的方法有两种：一是记名样方，用记名记数法（样株法）计算产量；二是面积样方，用投影盖度法计算产量。

（1）记名样方的调查和记名记数法计算产量。本法是统计样方内其该种资源植物的株数后，用记名记数法计算产量。记名记数法适用于木本、单株生长的灌木、大而稀疏生长的草本。方法是选择样方中具代表性的植株称出湿重，乘以株数，就得到样方中的总湿重。对各类资源植物，测出样品湿重后，干燥，得出其干重，就可得出湿重与干重的比率。可以帮助粗算出单位面积上所用资源的蕴藏量。方法是，在设置的标准记名样方内，统计植物的株数，按单株采集产品，统计单株产品的平均质量，估算单位面积上资源的蓄积量。其计算公式为

$$W = XY$$

式中，W——样方面积产品的平均蓄积量，kg/m^2；

X——样方内平均株数，株$/m^2$；

Y——单株产品的平均质量，kg。

记名记数法适用于木本植物、单株生长的灌丛、高大或稀疏生长的草本植物。但对于根茎类和根蘖性植物，由于个体界限不清，计算起来比较困难，此时的计算单位常常以一根枝条或一棵直立植株为单位。

例如，在黑龙江小兴安岭某地对柞树-兴安杜鹃群落中兴安杜鹃的蕴藏量作调查，共设置 20 个样方，每个样方 $10 \ m^2$，经样地实测每 $10 \ m^2$ 中平均有 49 丛兴安杜鹃，每丛可采鲜叶 $0.19 \ kg$，则

$$W = XY = 49 \div 10 \times 0.19 = 0.931 \ (kg/m^2)$$

即每平方米约产鲜叶 $0.931 \ kg$。

(2) 面积样方的调查和投影盖度法计算产量。面积样方是统计样方内某种植物占有整个样方面积的百分数，用投影盖度法调查产量时使用。投影盖度法适用于在群落中占优势的灌木或草本，它们成丛生长，难以分出单株个体。计算公式为

$$W = X'Y'$$

式中，W——样方上产品平均蓄积量，g/m^2；

X'——样方上植物的平均投影盖度角，%；

Y'——1%投影盖度上产品的平均质量，g。

无论采用哪种方法，都应当记录调查地点、日期、样方面积、样方号、植物存在的群落、生境、伴生植物。药材要挂上号牌，标明物候期和样方号。

2. 蕴藏量调查

植物蕴藏量对于开发利用和保护植物资源是很重要的数据指标。估计蕴藏量主要是调查重要的植物种类或供应紧缺的种类和有可能造成资源枯竭的种类，其他种类则没有必要调查。蕴藏量的计算公式如下：

$$蕴藏量 = 单位面积产量 \times 总面积$$

但是，至今尚无易行和精确的方法，一般采用估量法和实测法。①估量法：邀请当地有经验的收购员、农民座谈，参照历年收购资料及调查印象估算。此法可供参考，但不精确。②实测法：即在某地区，分别调查各群落的植物组成，设置一些样地，调查各个样地内药材产量，求出样地面积药材平均产量，换算成每公顷单位面积产量，再根据植物资源分布图（植被图或林相图）（以 1:5000~1:100000 为适用）算出该植物群落所占面积及蕴藏量。如上所述，兴安杜鹃群落面积合 4.5×10^4 m^2，则兴安杜鹃鲜叶的总蕴藏量约为

$$4.5 \times 10^4 \times 0.931 = 41895 \text{（kg）}$$

鲜叶晾干后收获率为 60%，故该地可收干叶 $41895 \times 60\% = 25137$（kg）。

三、植物资源调查总结

调查结束，要做工作总结，写调查报告。调查报告通常分为工作报告和技术报告。

1. 工作报告

工作报告的内容通常包括：①工作概况，组织机构及调查队伍情况，技术方案及经费执行情况；②工作中取得的成绩、存在的问题；③工作体会。

2. 技术报告

技术报告的内容主要包括：

（1）社会经济状况和自然环境条件。社会经济状况主要包括调查地区的人口、劳动力、人民生活水平、中药资源在社会发展中的地位、有关生产单位等。自然环境条件主要包括调查地区的地形地貌、气候、土壤、植被等。

（2）资源现状分析。资源现状主要包括野生植物资源种类、数量、储量、用途、地理分布规律、开发利用现状、保护管理现状，栽培植物种类的名称、数量及其生产的情况，植物资源的加工、储藏和保管情况。附各种数据表格及分析结果。

（3）资源评价。对资源的现存质量进行评价，主要包括资源蕴藏量、经济效益及其开发利用情况等方面。另外，对于某些重要的新资源的研究情况也应予以介绍。附各种数据表格及分析结果。

（4）资源开发与可持续利用。分析资源的开发利用情况及动态、预测资源的发展，提出合理开发和可持续利用资源的科学依据、方法、意见和建议。

第三节　植物资源的利用和保护

植物学野外实习，实际上也是对学生日后工作中需要具备的植物采集、野生植物资源调查的技能进行测练，故应了解有关植物利用和保护的原则和常识。植物资源中很大部分是野生植物，而野生植物的生长特征各有不同，分布不一致，所需的生境也不同，其生长受自然条件限制，加之多年来大量采挖利用，许多种类已面临资源枯竭的危险，必须合理地利用和积极地保护。利用和保护植物的原则是计划采收、合理采挖、采种结合和保护森林。

一、计划采收

应"用、采、留"结合，合理安排，兼顾当前需要与长远利益，尤其对多年生植物。如采取分区轮封采等。无计划地乱采滥采不仅浪费植物资源，而且会造成水土流失和局部气候改变，而自然环境的变化又直接影响到植物的生长、繁殖。对分布零散、资源稀少而又重要的资源植物还应积极开展野生变家种的驯化栽培。

二、合理采挖

每种植物均有最适采收期。例如，在药用植物中，掌握药用植物的生长规律，选其含有效成分最高的时期采集，有利于提高药材的质量和产量，避免浪费和破坏药源。带花全草药者不要采挖幼苗；叶类药材应分次采，不要采光，并尽量选取密集部分，以不影响或少影响植物生长发育为原则；一年生植物如需用全草应保留适量植株，留种繁殖；从活植株上采树皮不要环剥，应分侧剥取，并保留1/3左右树皮在树干上以利再生，避免死亡，全剥则应砍大留小；多年生植物如药用其根或根茎（如玉竹、何首乌等），应挖大留小，或把带芽部分（如薯蓣属植物）取下就地栽植保种。

三、采种结合

对以种子繁殖的植物，若资源利用部分是地下部分，宜在秋季种子成熟后采挖，随采随种，以扩大繁殖。采集其他资源植物时尽可能随采随播。

四、保护森林

森林是许多资源植物生长必须的条件，一旦失去森林这种生活环境这些植物就无法生存，如石斛、石仙桃等。森林一经毁坏，恢复原状是极为困难甚至是不可能的。对森林的合理采伐、精心保护，既能保证农业的水源，防止水土流失，也能保护许多重要的植物资源，达到资源常在，永续利用的目的。

第四章 龙门山地区自然环境和植物分布

第一节 龙门山地区概况

龙门山,北东起广元,南西达天全,全长约500 km,宽30~50 km,主要包括岷江上游的部分地区、涪江上游的大部分地区以及沱江的源头,行政区划上包括四川省阿坝州的茂县、汶川县,绵阳市的北川县、江油市、安县,成都市域的彭州市、都江堰市、崇州市、大邑县、邛崃市的大部分地区以及雅安市的部分地区。龙门山是中国东西两大地貌单元(东部四川盆地、西部川西高原)的分界线,也是中国东西两大地质构造单元(东部扬子准地台,西部松潘—甘孜褶皱系)的分界线。西、北毗邻川西北山地及高原区,南接成都为中心的川西平原,东与四川盆地北部连为一体。

龙门山经历了印支期、燕山期和喜马拉雅期三期较大的构造运动后,形成了一系列冲断带,其地史演化复杂,构造运动强烈,其中有三条巨大断裂带(青川—茂汶断裂、北川—映秀断裂、江油—灌县断裂带)。这些断裂带历来是地震灾害的多发区域,2008年的汶川大地震就发生在这一地区,此后,龙门山就为更多的人所了解。

龙门山造山带为一条东北向的推覆与滑覆叠合构造带,北与昆仑—秦岭东西向构造带斜向相接,南与康滇南北向构造带相连,东邻包括四川盆地在内的扬子地台,西面为甘孜地槽褶皱带—特提斯东缘构造带。根据沉积和构造差异,将绵竹市的汉旺—什邡金河(马槽滩断层)以北称为龙门山北段,都江堰市沙坪(灌口)以南称为龙门山南段,中间部分称为龙门山中段。龙门山的这种推覆式构造在地质科学上具有重要的地位,与欧洲的阿尔卑斯山造山带和美洲的科迪勒拉造山带齐名,并称世界三大地质造山带。龙门山地层发育完整,三大岩石齐全(火成岩、层积岩、变质岩),位于一个巨大的推覆构造体上,经历了漫长的地质发展时期,并经流水、冰川、岩溶、重力等自然力的综合作用,形成了现今复杂多变的地貌形态。1929年,我国杰出的地质学家赵亚在龙门山发现较老的二叠纪石灰岩叠覆在较新的三叠纪含煤层之上,形成了一系列的飞来峰,引起了国内外地质界的极大关注。从此,龙门山成为中国造山带推覆构造研究的经典地区,被誉为"天然地质博物馆"。

龙门山的最高峰九顶山海拔4984 m，而山前的成都盆地海拔仅为450~710 m，地形陡度变化的宽度仅为15~20 km，这样的地形陡度比青藏高原南缘的喜马拉雅山脉的地形陡度变化还要大，该区域为青藏高原边缘山脉中陡度变化最大的地区。

九顶山是川西高原向川西平原过渡的山地之一，地形复杂，起伏很大。九顶山东南坡俯瞰四川盆地，因其是迎风坡，降水充沛，山体水蚀作用明显，残留山体形成纵横交错的山脊，山脊之间是深切的河谷。由于土壤母质和发育条件决定了九顶山土壤土质差，土层变薄，营养先天缺氮少磷，富积钙、钠、钾，供养不平衡，土壤中石砾含量高。河谷地带主要是沙土和沙壤土。河谷至海拔3400 m左右林下为棕色森林土，林外为黄土和黄泥石子黏土，3000~4000 m为灰棕色森林土，4000 m以上为高山草甸土。东坡夏秋季节主要受太平洋东南季风和印度洋西南季风的交叉影响，大量湿热气团在东坡受地形影响被迫抬升，形成丰富的地形雨，加上森林茂密，温湿林区小气候的影响，成为"华西雨屏"前端的北部，木瓜坪（海拔1000 m）一带多年平均降雨量1600 m以上。西坡垂直气候变化明显，降水少，蒸发强，干燥多风。属暖温带大陆性半干旱季风气候区，气候具有冬冷夏凉、昼夜温差大、地区差异大的特点。在海拔2000 m以下地区，年均气温为13.5 ℃，年均降雨量为516.1 mm，年蒸发量为975.9 mm。在境内地形、地貌、气候、土壤等自然条件和人为干扰的综合影响下，九顶山西坡的植被垂直带从低到高依次为河谷旱生灌丛、常绿阔叶、落叶阔叶混交林、针阔叶混交林、亚高山针叶林、高山灌丛、高山草甸和流石滩植被。

第二节　龙门山地区植物分布概况

由于龙门山脉临近四川盆地，自古以来人为活动就十分频繁，所以该区植被受到的人为影响比较大。由于该区域缺乏完整、系统的植物调查资料，因此，下面以龙门山主峰所在地九顶山、白水河国家级自然保护区和小寨子沟国家级自然保护区为例介绍龙门山地区的植物分布概况。

一、九顶山保护区

九顶山地处横断山脉东缘的北段，是龙门山脉的主峰，区域内最高峰狮子王峰海拔4998 m，位于东经103°45′~104°15′、北纬31°23′~31°42′，九顶山的东坡与成都平原相接，西面和南面以岷江为界，北部则以流入北川干沟河的土门河（属涪江流域）为界。九顶山是成都平原向青藏高原过渡的北部门户，是我国东部湿润森林区与青藏高原高寒植被区的一个分界线。处于中国—日本森林植物亚区与中国—喜马拉雅森林植物亚区在横断山脉北部的交错过渡地带，是植物区系地理研究的非常重要的区域之一。东部的涪江水系、西部的岷江水系以及不同气候条件孕育出具有一定差异的植物区系,其东西坡植被垂直带谱的基带分为山地常绿阔叶林、河谷旱生灌丛和草丛。同时,龙门山东坡还与"华西雨屏带"重合,独特的地理位置、巨大的海拔跨度和陡峭的山峰形成了多样化的小环境气候条件及生境类型,造就了丰富而独特的动植物多样性特征,是国际上生物多样性研究的热点和关键地区之一。

经初步调查,九顶山自然保护区共有高等植物175科665属1790种。其中,苔藓植物有43科73属122种,蕨类植物有15科19属46种,裸子植物有4科10属22种,被子植物有113科563属1600种。从保护区植物科属组成的情况来看,保护区内优势科属比较明显,世界性大科(菊科、禾本科、兰科、豆科)是本区种属最多的科。菊科有48属,禾本科有52属,兰科有37属,豆科有22属。此外,毛茛科有15属,蔷薇科有37属,虎耳草科有11属。温带性质的科在该区占有主导地位。本保护区具有泛北极、泛热带、古大陆的各种分布。其中,世界分布属50属,占总属数的9.1%;热带分布属158属,占总属数的28.5%;温带分布属328属,占总属数的59.2%;中国特有18属,占总属数的3.2%。表现出从热带向北温带过渡的多种类型。现已知九顶山自然保护区原有我国特有植物18属,占全国的9.5%。这些属为杉木、独叶草、星果草、八角莲、独根草、虎榛子、水青树、藤山柳、金钱槭、珙桐、岩匙、羌活、明党参、香果树、双盾木、毛冠菊、巴山竹、瘦房兰,多数为古老的残遗种属。

植物区系中古近纪的古老植物较多,起源于晚白垩纪的有松属、云杉属、红豆杉属;起源于古近纪的有冷杉属、铁杉属等裸子植物。

被子植物中出现于白垩纪晚期的有木兰科、樟科、桦木科、壳斗科、槭树科、胡桃科、忍冬科;出现于古近纪的有桑科、连香树科、十字花科、蔷薇科、豆科、芸香科、珙桐科、五加科、报春花科、木犀科以及唇形科等。单型属(只含1种)和少型属(只含2~6种)的数量,可以反映一个地区植物区系古老性的特点。比如,珙桐、水青树、连香树、领春木、狗筋蔓、鞭打绣球、青钱柳、棣棠等。根据植物科分布区类型统计,保护区种子植物世界分布和泛热带分布的科最多,分别占34和31科,占保护区总科数的29.3%和26.7%;其次为北温带分布27科,占总科数的23.3%,具有一定泛热带和北温带性质。根据植物属的分布区类型统计,保护区热带分布属占总属数的28.3%,温带分布占总属数的59.6%,表现出一定泛热带性质和北温带性质。

九顶山有珍稀濒危植物25种,隶属于20科25属,占四川珍稀濒危植物总数的32.%,占全国第一批公布珍稀濒危植物总数的6.6%。从濒危程度来看,濒危种有2种,渐危种有10种,稀有种有13种;从保护等级来看,一级保护植物有2种,二级保护植物有12种,三级保护植物有11种。从种一级的区系成分分析,九顶山自然保护区25种珍稀濒危植物的区系成分可以划分为以下几类:华北成分,玫瑰;华中成分,华榛、黄连、杜仲、厚朴、胡桃、水杉、白辛树、独花兰、大叶柳、银杏、连香树、水青树、香果树、青檀、领春木、珙桐、岷江柏木、鹅掌楸和红豆树；华南成分，棕背杜鹃；青藏高原成分，独叶草、星叶草、延龄草；广布成分，天麻。从上述区系成分分布特点可见九顶山珍稀濒危植物区系与华中和青藏高原植物区系联系密切。有学者认为，横断山区是北温带分布属的起源和分化中心。九顶山自然保护区海拔较高，位于青藏高原的东缘。九顶山区系可能是横断山地区在青藏高原东部延伸的结果，是由高山区系在寒旱的高原环境下特化而来的一个相对独立的植物区系。

　　九顶山东坡相对高度差在3000 m以上，植被分布有较好的垂直带谱。在海拔2250 m以下，乔木物种数随海拔升高而增加，尤其在 1500～2000 m增加很快，2100 m以后物种数又迅速减少，至3244 m时物种减少到 5 种，实际调查中乔木的分布上限大致为3650 m，不过物种数较少，个体分布也很稀疏，在群落中已不占优势，上层郁闭度降低，高山杜鹃和高山柏等灌丛成为群落的优势种。草本植物和灌木在1800 m以下的低海拔物种数多于其在 1800～2100 m处，主要原因是低海拔河谷地带性常绿阔叶林被破坏殆尽，次生植被中乔木稀疏，为灌木和草本植物提供了大量空间，因此灌木和草本相对丰富。而海拔 1 800～2100 m由于人为影响小，基本保持原生状态，乔木在群落中占据主导地位，上层郁闭度明显高于低海拔地区，灌木和草本植物处于群落的从属地位，生存空间十分有限，其物种和个体数都低于低海拔地区，主要是一些喜阴植物，反映出中间海拔植物群落中乔木与灌木、草本的竞争消长关系。2100 m以上由于水热组合变差，灌木和草本更具竞争优势，乔木逐渐退出群落，灌木和草本植物种类与个体迅速增加，在3800 m以上基本为高山草甸。

二、白水河自然保护区

　　白水河国家级自然保护区位于四川龙门山脉东南部的彭州市境内，属于四川盆地向青藏高原东缘川西高山峡谷过渡带，多种地理要素（地形地貌、气候、植物系和植被区划等）在这里交汇、过渡，是一个复合性的生态过渡区。东西长约31 km，南北宽约 8 km，总面积 301 km^2，距成都 70 km，是四川保护区中距离省会最近的以保护大熊猫等珍稀野生动植物和生物多样性为目标的国家级自然保护区。保护区属龙门山脉茶坪山段东南坡，地势东南低西北高，海拔由东南部1400 m（熊猫坪）升至西北部（太子城）4800 m，峰谷高差达3400 m。地形地貌复杂，温暖湿润，降水丰富，云雾多日照少，具富垂直变化的气候条件，形成了水热条件各异的多种生态环境。年降水量在1500 mm左右，降水多集中在 7、8、9 三个月。年平均气温为 15.6 ℃，年总积温（大于或等于0 ℃）为5764.4 ℃，有效积温（大于或等于10 ℃）为4901.8 ℃。年平均无霜期为 277 天，日照仅 711 h。保护区土壤类型表现出明显的垂直地带性，自下而上是山地黄棕壤、暗棕壤、棕色针叶林土、亚高山草甸土和高山草甸土。保护区内不仅有阔叶林、针叶林、灌丛、草甸及流石滩稀疏植被类型，且阔叶林又有常绿阔叶林、常绿与落叶阔叶混交林、落叶阔叶林多种类型；针叶林中有低、中山针叶林，针阔叶混交林，亚高山针叶林多种类型；灌丛类型更是复杂，由低海拔至高海拔分布着次生及原生灌丛类型；草甸也有亚高山、高山禾草和杂类草草甸等类型。

在海拔1500 m左右，是白水河保护区的基带植被，由于毗邻生活区，原有的常绿阔叶林几乎被砍伐殆尽，在地势险峻的山坡上零星可见樟科的楠木、小果润楠、川钓樟，山毛榉科的青冈、包石栎、峨眉栲、栲树等常绿树种。海拔1600～2300 m，樟科、壳斗科常绿树种被砍伐或间伐后，红桦、华西枫杨、珙桐、连香树、水青树、多种槭树、椴树、多毛椴、野核桃、野漆树等落叶阔叶树种形成小块状落叶阔叶林。

海拔2300～2800 m，离生活区较远，属于保护区的缓冲区，乔木物种保存较完好，并且海拔2500 m开始有岷江冷杉出现。海拔2800～3200 m，以冷杉、岷江冷杉为建群种构成的冷杉林、岷江冷杉林以及两者形成的混交林成为优势植被。因为沿着海拔梯度，不仅温度条件发生变化，同时也经常伴随着水分、光照条件的改变，靠近林线，乔木只有耐寒的岷江冷杉和冷杉分布。个别地段由于先前的砍伐，常有红桦、糙皮桦、花楸等树种伴生。

海拔2000 m以下，临近生活区的乔木树种被砍伐后，次生植被中乔木稀疏，为灌木和草本植物提供了大量空间，因此灌木和草本相对丰富。常见灌木物种有青榨槭（幼苗）、中华青荚叶、纯兰绣球、核桃楸、蕊帽忍冬、紫楠、槲栎、总状山矾等。

海拔2600～2800 m，灌木和草本物种数均随着乔木物种数的下降而上升，因为在该海拔段，针叶林的郁闭度较小，其底层的灌木和草本能得以较好地生长。海拔2900～3400 m，是以杜鹃为优势种的灌木群落，灌木种类相对较少。该海拔范围内除杜鹃林外，亚高山草甸类型开始出现，所以草本物种开始增多，而在海拔3200 m，杜鹃灌丛密集，草本物种数有所下降。

海拔3400 m以上，灌木物种呈明显单调下降趋势，而草本物种种类骤然增加，从该海拔开始，植被类型过渡为亚高山草甸。至海拔3900 m，灌木物种有千里香杜鹃、伏毛银露梅、高山柏等，常常混生成稀疏灌丛。

本区植物区系的特点可归结为如下3点：

（1）物种丰富，热带、亚热带和温带的科、属多。初步调查结果显示，种子植物共计138科421属990种（含82变种，17亚种）。其中，裸子植物有4科6属8种；被子植物有134科415属982种。估计白水河保护区的种子植物达1300种以上。由白水河保护区种子植物科、属的分布区类型统计分析可以知道，在科方面，热带、亚热带分布的科占总科数的37.32%，温带分布的科占33%。在属方面，热带分布总属数的23.40%，温带属占总属数的63.42%。因此，从科、属的分布型总的情况来看，白水河保护区热带、亚热带和温带的科、属多。

（2）古老、残遗、原始性。白水河保护区产有众多古老、残遗和原始的类群，如裸子植物银杏、红豆杉、榧树等，以及被子植物的木兰群木兰科、小檗科、毛茛科、樟科、芍药科、三白草科、防己科、金缕梅群壳斗科、桦木科、榛科、杨柳科、胡桃科、水青树科、领春木科、连香树科。上述科大多在白垩纪即已形成，或形成于侏罗纪（指上述裸子植物），银杏可能起源于三叠纪。

（3）处于中国—喜马拉雅、中国—日本植物分布区变型的过渡区。

三、小寨子沟自然保护区

小寨子沟地处四川盆地西缘，属于横断山脉东缘的龙门山中段，介于东经103°45′~104°26′、北纬31°50′~32°13′之间。海拔自1160 m左右的花桥村至4769 m的插旗峰，相对高差为3609 m，总面积为44391.2 hm^2。保护区内地形复杂，地势由西北向东南倾斜，以高、中山为主，山地切割剧烈，峡谷众多，坡度一般大于30°。土壤的垂直带谱明显，由上至下为高山寒漠带、高山草甸土、灰化森林暗棕壤、山地森林棕壤、暗棕壤和山地黄棕壤等土壤类型，厚度在30~60 cm之间，pH在5~7之间。气候为典型的亚热带季风气候，四季分明，雨量充沛。该区域地史古老，地形复杂，气候温暖湿润，适宜各种生境要求的植物生长，成为四川省植物种类最为丰富的地区之一。据初步统计，已知小寨子沟有低等植物大型真菌39科77属124种，苔藓植物47科92属153种，蕨类植物28科58属147种，种子植物137科621属1558种。其中，裸子植物有7科14属26种；双子叶植物有116科485属1271种，单子叶植物有14科122属261种。

小寨子沟复杂的地形和地理位置为植物的生存、演化提供了良好的生境。因此，这里生长着许多古老原始的植物种类，如裸子植物的松属、红豆杉属等，被子植物中离生心皮类的木兰科、毛茛科、三白草科、领春木科、连香树科等，柔荑花絮类群的壳斗科、胡桃科、杜仲科、榆科、杨柳科等，它们都有古老的历史，这充分显示了区系的古老、残遗性。同时有木兰科、毛茛科、金缕梅科在系统发育上有着关键作用的科目，还有樟科、壳斗科、山茶科及冬青科等亚热带代表性类群。它们构成了一个从原始类群到较为进化类群各个阶层较完整的体系，反映出了植物区系在系统发育上的古老性、过渡性。

组成本区植物区系的植物种类中以温带成分最多，有382属，占全部属的64.74%。其中，北温带分布居首位，共178属，占30.17%，如鹅耳枥属、松属、桦木属、桤木属、椴属、水青冈属、杜鹃花属、蔷薇属等。因此，小寨子沟种子植物区系分布类型具有以温带分布植物为主的特征，属于我国植物区系的温带成分。这与当地处于中纬度和具备高山地貌有利于温带植物成分发育有关。从而也不难看出该区位于热带—亚热带与温带植物区系的重要交汇地带，这与其所处地理位置相吻合。

小寨子沟植被小区属于龙门山植被小区。该植被小区位于四川盆地西部边缘山地的北段，大部分处于龙门山地。地势西北较高，东南偏低，山峰陡峭，河谷狭窄。由于纬度偏北和偏离雨屏中心，水热条件相对较差，光照条件较好，因此在常绿阔叶林树种山毛榉科中的较耐寒的细叶青冈、曼青冈等，樟科的油樟、卵叶钓樟以及桢楠、小果润楠、黑壳楠、木姜子等较多。在常绿阔叶和落叶阔叶混交林中，常绿树种以曼青冈和巴东栎占优势，落叶树种以领春木、光叶珙桐、野核桃等为主。亚高山常绿针叶林的下部树种为铁杉和华山松；上部种类组成较为复杂，岷江冷杉和冷杉较多，其次为麦吊云杉和大果青杄等。

小寨子沟自然保护区的植物分布具有明显的垂直分布带谱，总的看来，由下向上分别为阔叶林、针叶林、灌丛、草甸和高山稀疏植被。

（一）阔叶林

阔叶林分为3类：亚热带山地常绿落叶阔叶混交林、亚热带落叶阔叶林、中山亚高山竹林。亚热带山地常绿落叶阔叶混交林主要由曼青冈林和巴东栎林组成。曼青冈林分布在海拔1600～1900 m的地区。林冠较为整齐，高15～20 m。常绿树种主要为曼青冈、巴东栎、卵叶钓樟、润楠、山楠等，落叶树种主要有疏花槭、光叶珙桐、领春木等。巴东栎林分布在1700～2000 m的地区，林冠较为整齐，高12～25 m。落叶树种主要有野核桃、绒毛杜鹃、大叶杨、糙皮桦等。亚热带落叶阔叶林有分布在海拔1600～2000 m的野核桃林，分布在海拔1800～2200 m的领春木林，分布在海拔1900～2100 m的大叶杨林和分布在海拔1600～1900 m的红桦林。中山亚高山竹林主要为分布在海拔2200～3000 m局部地区的团竹林，盖度常达90%左右。

（二）针叶林

针叶林分为两类：亚热带针叶落叶阔叶混交林和亚热带常绿针叶林。亚热带针叶落叶阔叶混交林主要为铁杉针阔叶混交林，分布在海拔2000～2600 m的地区。群落林冠参差不齐，高10～25 m。乔木层以铁杉、红桦、疏花槭、领春木等为优势树种。亚热带常绿针叶林主要分布在海拔2500～3400 m的地区，主要有亚高山铁杉林、亚高山云杉林和亚高山冷杉林。

（三）灌丛

灌丛分为两类：亚高山灌丛和高山灌亚高山灌丛。丛主要分布在海拔3400～3600 m的局部地区，主要物种有星毛杜鹃、绒毛杜鹃、陕甘花楸、峨眉蔷薇、西南花楸、高丛珍珠梅、金花小檗等。高山灌丛主要分布在海拔 3600~3600 m 的地区，主要物种为紫丁杜鹃、高山绣线菊、陇塞忍冬、金露梅、细枝绣线菊、香柏等。

（四） 草甸

草甸分为两类：亚高山草甸和高山草甸。亚高山草甸主要分布在海拔 3400~3600 m 的局部地区，分布有紫花碎米荠、紫羊茅、萎陵菜等物种。高山草甸主要分布在海拔 3800~4200 m 的地区，由宽叶韭、珠芽蓼、扭盔马先蒿、紫羊茅、羊茅、金莲花等物种组成。

（五） 高山稀疏植被

该植被类型主要分布在海拔 4200 m 以上的高山丘状山顶流石滩地区，植被相当稀疏，植株低矮，常见种类有风毛菊、四裂红景天、甘青虎耳草、多刺绿绒蒿等。

参 考 文 献

胡锦矗. 2003. 四川小寨子沟自然保护区综合科学考察报告［M］. 成都：四川科学技术出版社.

李小波，廖丹. 2009. 汶川地震与龙门山旅游安全格局构建［J］. 四川师范大学学报（社会科学版），36（2）：130-136.

梁瀚，周浩. 2009. 龙门山山前中段构造特征［J］. 内蒙古石油化工，14：38-39.

刘士华. 2007. 彭州市白水河自然保护区生物多样性及种子植物区系研究［D］. 中国科学院成都生物研究所硕士学位论文.

涂卫国，高信芬，刘士华，等. 2008. 九顶山西坡汶川段维管植物区系研究［J］. 应用与环境生物学报，14（3）：298-302.

吴勇，苏智先. 2005. 九顶山东坡植被区系垂直演替特征研究［J］. 生命科学研究，9（2）：156-162.

颜照坤，李勇，黄润秋，等. 2012. 龙门山北段平通河流域地貌演化过程［J］. 山地学报，30（2）：136-146.

第五章 蕨类植物及其识别特征

蕨类植物是高等植物中比较低级的类群。蕨类植物多为草本，具有根、茎、叶的分化，内有维管组织，属于维管植物，但不产生种子。蕨类植物的孢子体发达，配子体不发达，孢子体和配子体都能独立生活，具有明显的世代交替现象。蕨类植物不具花，以孢子繁殖。全世界有蕨类植物1200多种，中国有63科，223属，2600多种；四川有52科，141属，约880种。

1. 石松科 Lycopodiaceae

石松 *Lycopodium japonicum* **Thunb.**（图5-1）：多年生草本。匍匐茎细长横走2~3回分叉；侧枝直立，高达40 cm，多二回分枝。叶螺旋状排列，密集，披针形或线状披针形；孢子囊穗直立，圆柱形。生于海拔590~3000 m的高山草甸或疏林下灌丛中。

2. 卷柏科 Selaginellaceae

兖州卷柏 *Selaginella involvens*.（图5-2）：多年生草本。叶二形，侧叶和中叶均斜卵形，边缘有小齿；孢子囊穗单生小枝顶端；大孢子囊近球形，小孢子囊圆肾形。在海拔2200 m以下的路边或山坡草地上。全株入药能凉血、止血、化痰、利水、消肿。

图5-1 石松植株

(a) 兖州卷柏植株

(b) 兖州卷柏孢子囊穗

图5-2 兖州卷柏

3. 木贼科 Equisetaceae

问荆 *Equisetum arvense* L.（图5-3）：多年生草本。营养茎夏季生出，有棱脊数条，节上轮生小枝，叶退化，下部联合成鞘。生孢子囊的茎，早春生出，不分枝，棕褐色，顶端生有孢子囊穗，孢子叶边缘着生孢子囊。生于平坝沟渠边或草地等处。全草入药利尿、止血。

图5-3　问荆植株

4. 莲座蕨科 Angiopteridaceae

观音座莲 *Angiopteris fokiensis* Hieron.（图5-4）：大型陆生蕨类。根状茎肉质肥大，密集着生呈莲座状。叶簇生，基部扩大成蚌壳状并相互覆叠成马蹄形。叶柄长，二回羽状；二回小羽片披针形。孢子囊群呈两列生于距叶缘0.5~1 mm的叶脉上。生于海拔500~800 m的阴湿林下。

（a）观音座莲植株　　　　　　（b）观音座莲叶背面

图5-4　观音座莲

5. 紫萁科 Osmundaceae

紫萁 *Osmunda japonica* Thunb.（图5-5）：植株高50~70 cm。叶二型，簇生。叶片卵形或三角卵形，二回羽状；羽片数对，奇数羽状；二回羽片数对，互生，无柄，宽披针形，边缘有极细的齿缺。孢子囊着生在二回羽轴的两侧。生于海拔2100 m以下的酸性土上。

（a）紫萁植株　　　　　　（b）紫萁枝叶

图5-5　紫萁

6. 里白科 Gleicheniaceae

光里白 *Diplopterygium laevissima*（Christ）Nakai（图5-6）：陆生中型蕨类，根茎横走。由顶芽两侧生出1对二回羽状深裂的羽片，第二年顶芽发育成主轴，主轴再生出顶芽，如此形成多对羽片。羽片卵状长圆形；裂片披针形；孢子囊群圆形。生于海拔550～2500 m的阴湿岩边。

图5-6 光里白植株

7. 碗蕨科 Dennstaedtiaceae

边缘鳞盖蕨 *Microlepia marginata*（Panzer）C. Chr.（图5-7）：多年生草本，植株高60～80 cm。根茎横走，密生；叶片卵状披针形；一回羽状，羽片数对，有短柄，线状披针形，边缘有钝齿或缺刻。孢子囊群生在羽片近边缘；囊群盖半杯状。生在海拔1800 m以下的林下或山沟阴湿处。

(a) 边缘鳞盖蕨植株　　　　　　(b) 边缘鳞盖蕨叶背面

图5-7 边缘鳞盖蕨

8. 骨碎补科 Davalliaceae

肾蕨 *Nephrolepis cordifolia*（L.）Presl（图5-8）：多年生附生及土生植物，高30～60 cm。根状茎直立，下部有匍匐茎，匍匐茎上生有数个块茎。叶簇生，具柄，下部有鳞片；叶片披针形，边缘有圆齿。孢子囊群盖圆肾形。生于海拔1000 m以下溪边林下或石壁上。

(a) 肾蕨植株　　　　(b) 肾蕨叶正面　　(c) 肾蕨叶背面

图5-8 肾蕨

9. 凤尾蕨科 Pteridiaceae

蜈蚣草 *Pteris vittata* **Linn.**（图5-9）：植株高达1 m。根茎短，横卧或斜生。叶一型，密生，具柄；叶片狭椭圆形至倒披针形，奇数一回羽状。孢子囊群线形，沿羽片边缘着生。生于海拔2000 m以下的石灰岩上。全草入药能祛风活血，解毒杀虫。

（a）蜈蚣草植株　　　　　　　　（b）蜈蚣草叶背面

图5-9　蜈蚣草

溪凤尾蕨（溪边凤尾蕨） *Pteris excelsa* **Gaud**（图5-10）：多年生草本。根茎粗壮，横卧。叶一型，具柄；叶片狭卵形，奇数二回羽状分裂；侧生羽片互生，狭椭圆形，羽状深裂；裂片数对，近对生，线状披针形；裂片具羽状脉。生在海拔1700 m以下的林下或阴湿的山沟中。

（a）溪凤尾蕨植株　　　　　　　　（b）溪凤尾蕨叶背面

图5-10　溪凤尾

10. 蕨科 Pteridiaceae

蕨菜 *Pteridium aquilinum*（L.）**Kuhn var.** *latiusculum* **Underw.**（图5-11）：株高1 m以上。根茎粗壮。叶远生，具柄；叶片三角卵形，三回羽状；羽片数对，卵状披针形，二回羽片数对，矩圆披针形，三回羽片数对，互生，矩圆形。孢子囊汇生囊群；囊群盖二层。生于海拔650～1200 m的林缘及荒坡。

图5-11　蕨菜植株

11. 铁线蕨科 Adiantaceae

掌叶铁线蕨 *Adiantum pedatum* L.（图 5-12）：多年生草本，高 30~70 cm。根茎短，被褐色膜质鳞片。叶簇生；叶柄黑紫色；叶片二叉分歧，呈掌状。孢子囊群横长圆形，生于由叶缘反曲而成的膜质囊群盖下面；囊群盖肾形或矩圆形。生于海拔 650~3500 m 的林下沟边。

（a）掌叶铁线蕨植株　　　　　（b）掌叶铁线蕨叶背面

图 5-12　掌叶铁线蕨

12. 裸子蕨科 Hemionitidaceae

凤丫蕨 *Coniogramme japonica* (Thunb.) Diels（图 5-13）：多年生草本。根状茎横走。叶远生，具柄；下部二回羽状，向上一回羽状；小羽片或中部以上的羽片狭长披针形，边缘有锯齿。孢子囊群沿叶脉分布。生于海拔 600~1800 m 的湿润林下和山谷阴湿处。全草入药可消肿解毒。

（a）凤丫蕨植株　　　　　　（b）凤丫蕨叶背面

图 5-13　凤丫蕨

13. 蕨科 Blechnaceae

单芽狗脊蕨 *Woodwardia japonica* (L. f.) Sm.（图 5-14）：多年生草本。根状茎粗短横走。叶柄禾秆色；叶片卵状矩圆形，二回深羽裂；裂片有软骨质尖锯齿，有网脉 2~3 行。孢子囊群长形，着生在靠近主脉两侧 1 行网脉上；囊群盖长肾形。生于海拔 600~3000 m 的林下或灌丛中。

（a）单芽狗脊蕨叶　　　　　　（b）单芽狗脊蕨叶背面

图 5-14　单芽狗脊蕨

14. 桫椤科 Cyatheaceae

华南黑桫椤 *Gymnosphaera metteniana* （Hance） Tagawa （图 5-15）：植株高 1.5~2 m，土生。根茎粗壮，横卧。叶具柄，棕黑色；叶片椭圆形，三回羽状分裂；羽片互生，柄极短，线状披针形；裂片具羽状脉。孢子囊群圆形，无盖。生于 500~1200 m 的低山常绿阔叶林下或沟谷中。

（a）华南黑桫椤植株　　　　　　（b）华南黑桫椤叶

图 5-15　华南黑桫椤

桫椤 *Alsophila spinulosa* Wall （图 5-16）：高大树形蕨类，茎粗壮；叶大，三回羽状复叶聚生于茎顶；羽片长圆形，小羽片羽状深裂，裂片披针形。孢子囊群生于小羽片背面小脉分叉处凸起的囊托上，囊群盖近圆球形，膜质。生于海拔1000 m 的溪边林下或草丛中。

（a）桫椤植株　　　　　　（b）桫椤叶背面

图 5-16　桫椤

15. 鳞毛蕨科 Dryopteridaceae

齿尖耳蕨 *Polystichum acutidens* **Christ**（图5-17）：多年生草本。叶簇生，具柄；叶片披针形或阔条状披针形，一回羽状；羽片镰状披针形，边缘有尖齿。叶脉羽状分叉。孢子囊群生于分叉的上侧小脉顶端；囊群盖圆盾形。生于海拔650～2500 m的林下或岩石缝中。

（a）齿尖耳蕨植株　　　　　　　（b）齿尖耳蕨叶背面

图5-17　齿尖耳蕨

16. 水龙骨科 Polypodiaceae

水龙骨 *Polypodium niponicum* **Mett.**（图5-18）：植株高15～40 cm。根状茎长而横走，黑褐色，鳞片卵圆披针形，边缘有细锯齿。叶远生，具柄；叶片矩圆披针形，羽状深裂。孢子囊群无盖。生于海拔600～2300 m的岩石上。根茎入药可化湿、清热、祛风、通络。

（a）水龙骨植株　　　　　　　（b）水龙骨叶背面

图5-18　水龙骨

矩圆线蕨 *Colysis henryi* **(Bak.) Ching**（图5-19）：多年生草本，高35～70 cm。根状茎横走。叶一型，远生，草质或薄草质，光滑；具柄；叶片矩圆披针形或卵状披针形，全缘。孢子囊群条形，在主脉间斜出，伸达叶边，无盖。生于海拔600～2000 m的林下。

（a）矩圆线蕨植株　　　　　　　　（b）矩圆线蕨叶背面

图5-19　矩圆线蕨

福氏星蕨 *Microsorum fortunei* （T. Moore） Ching（图5-20）：多年生附生草本。根状茎长而横走，叶远生；叶片线状披针形，全缘。孢子囊群大，圆形，沿中脉两侧排列成较整齐的一行或有时为两行。生于海拔550~1800 m的溪边岩石上或树干上。

（a）福氏星蕨植株　　　　　　　　（b）福氏星蕨叶背面

图5-20　福氏星蕨

第六章 裸子植物及其识别特征

裸子植物的孢子体特别发达,大多数为乔木,少为灌木或木质藤本,无草本。花单性,无花被。雌雄配子体均寄生在孢子体上。雄配子体后期形成花粉管直接将精子输送至颈卵器。胚珠及其在受精后发育成的种子均裸露,外无子房壁包被,不形成果实,故称裸子植物。现今全世界有裸子植物12科,71属,800多种,中国有11科,42属,240余种,四川有9科,27属,88种。

1. 苏铁科 Cycadaceae

【识别特征】

苏铁茎单棕榈状,复叶羽大小叶多;
孢叶扁梳生褐毛,种子侧生似核果。

铁树 *Cycas revoluta* Thunb(图6-1):常绿乔木,高2~3 m,茎直圆柱形,密被宿存叶基和叶痕;叶丛生于茎顶,羽叶深绿具光泽;雌雄异株,雄花序圆柱形,黄色,雌花圆珠笔头形;种子熟时朱红色。各地均可栽培观赏。

(a)铁树植株　　　(b)苏铁雌花序　　　(c)苏铁种子

图6-1　铁树

2. 银杏科 Ginkgoaceae

【识别特征】

银杏乔木叶如扇,单叶互生或簇生;
雌雄异株花被缺,种子单一形如杏。

银杏 *Ginkgo biloba* Linn.(图6-2):落叶乔木。叶扇形,有柄,长枝上的叶大都具二裂。球花雌雄异株,雄球花成菜荑花序状,雌球花有长梗。种子核果状,椭圆形至近球形,白色,习称"白果"。生于海拔500~1000 m的林中,一般为栽培。

（a）银杏植株　　　　　　　　（b）银杏叶

图 6-2　银杏

3. 松科 Pinaceae

【识别特征】

松科木本多常绿，针叶束状具树脂；
雄蕊花粉 2 气囊，种子有翅一至多。

冷杉 *Abies fabri* (Mast.) Craib（图 6-3）：乔木，高达 40 m；树皮灰色或深灰色，薄片状纵裂。叶条形，背面有两条明显的白粉气孔带。球花单生叶腋。球果卵状圆柱形或短圆柱形，成熟时紫黑色或蓝黑色。生于海拔 1800～4000 m 的森林中。

图 6-3　冷杉树枝

岷江冷杉 *Abies faxoniana* Rehd. et Wils.（图 6-4）：乔木，高达 40 m；树皮深灰色，裂成不规则的块片。叶排列较密，在枝条下面排成两列；球果卵状椭圆形或圆柱形，熟时深紫黑色，微具白粉；花期 4～5 月，球果 10 月成熟。生于岷江上游河谷海拔 3200～3700 m 的山地林中。

（a）岷江冷杉植株　　　　　　　　（b）岷江冷杉雌球果

图 6-4　岷江冷杉

雪松 *Cedrus deodara* (Roxb.) G. Don.（图 6-5）：常绿乔木，树冠尖塔形，大枝一般平展。树叶在长枝上为螺旋状散生，在短枝上簇生。叶针状，质硬。雌雄异株，稀同株。球果椭圆球形，成熟后种鳞与种子同时散落。生于海拔 1500～3200 m 的山地林中，亦有栽培观赏。

（a）雪松植株

（b）雪松雌球果

图 6-5　雪松

日本落叶松 *Larix kaempferi*（Lamb）Carr.（图 6-6）：落叶乔木，分长枝与短枝二型。叶在长枝上散生，在短枝上呈簇生状，倒披针状线形，柔软。雌雄同株，雌、雄球花均单生于短枝顶端。本地区为引种栽培。

（a）日本落叶松植株

（b）日本落叶松树枝

图 6-6　日本落叶松

华山松 *Pinus armandii* Franch.（图 6-7）：常绿乔木，高达 35 m；针叶一般 5 针一束，长 8～15 cm。球果圆锥状长卵形，有梗，下垂；种鳞宽大肥厚。种子黑色斑纹。花期 4～5 月，球果翌年 9～10 月成熟。生于海拔 1200～1800 m 的山地林中。

（a）华山松花枝

（b）华山松果实

图 6-7　华山松

马尾松 *Pinus massoniana* Lamb.（图 6-8）：常绿大乔木。树皮棕红色，呈不

规则的块裂。针叶长13～20 cm，2针一束；花单性，雌雄同株；雄花生于新枝基部，密生成穗状；雌花生于新枝先端。球果圆锥状卵形，种子有翅。生于山坡500～1500 m的山地林中。

（a）马尾松植株　　　　（b）马尾松雄球花枝　　　　（c）马尾松雌球果

图6-8　马尾松

油松 *Pinus tabulaeformis* Carr.（图6-9）：常绿乔木，高达30 m。树皮下部灰褐色，裂成不规则鳞块；针叶2针一束，暗绿色，较粗硬；球果卵形或卵圆形，有短柄，与枝几乎成直角，成熟后黄褐色。一般生于海拔600～2600 m的山地林中。

（a）油松树干　　　　　　　　　　（b）油松果实

图6-9　油松

麦吊云杉 *Picea brachytyla*（Franch.）Pritz.（图6-10）：乔木，高达30 m；树皮淡灰褐色，呈不规则的鳞片状深裂；叶条形，先端钝尖或尖，背面光绿色。球果单生侧枝顶端，下垂，圆柱形，成熟时淡黄褐色；种鳞倒卵形或斜方状倒卵形。生于1300～3200 m的林中。

鳞皮云杉 *Picea retroflexa* Mast.（图6-11）：乔木，高达45 m，胸径达1 m；树皮灰色，裂成不规则的块状薄片。一年生枝金黄色或淡褐黄色；球果圆柱状椭圆形，熟时褐色或淡褐色。生于海拔3000～3800 m酸性土的林中。

图6-10　麦吊云杉枝叶　　　　　图6-11　鳞皮云杉

铁杉 *Tsuga Chinensis*（Franch.）Pritz.（6-12）：常绿乔木，高通常15～

20 m；一年生枝细，淡黄色或淡褐黄色；叶条形，螺旋状着生，先端钝圆有凹缺，边缘全缘。球果单生侧枝顶端，下垂，卵圆形或长卵圆形，具短梗。生于 2300～3200 m 的林中。

（a）铁杉枝叶　　　　　　　　（b）铁杉枝叶叶背

图 6-12　铁杉

4．杉科 Taxodiaceae

【识别特征】

杉科乔木或灌木，叶鳞披针或条形；

珠鳞种鳞半合生，2 至 9 种子每种鳞。

柳杉 *Cryptomeria fortunei* Hooibrenk ex Otto et Dietr.（图 6-13）：乔木，高达 40 m；树皮红棕色，裂成长条片脱落；叶钻形略向内弯曲，雄球花单生叶腋，长椭圆形，雌球花顶生于短枝上；球果圆球形或扁球形。生于海拔 600～2500 m 的山谷或山坡林中。

（a）柳杉植株　　　　　　（b）柳杉雌球果

图 6-13　柳杉

日本柳杉 *Cryptomeria japonica*（L. f.）D. Don（图 6-14）：常绿乔木，树冠圆锥形。叶锥形，形状与柳杉相似，但其叶直伸，先端不内曲，略短，而且其叶片在冬季绿色不变。球花单性同株，雄球花长圆形，雌球花近球形，生于小枝顶端。球果球状。原产日本，中国引入栽培。

(a) 日本柳杉　　　　　　　(b) 日本柳杉枝条

图 6-14　日本柳杉

水杉 *Metasequoia glyptostroboides* Hu et Cheng（图 6-15）：落叶乔木。树皮灰褐色或深灰色，裂成条片状脱落；叶交互，扁平条形，柔软。雌雄同株，雄球花单生叶腋或苞腋，卵圆形。雌球花单生侧枝顶端；球果下垂，果蓝色，近球形；种子倒卵形，扁平。多栽培观赏。

图 6-15　水杉枝叶

5. 粗榧科 Cephalotaxaceae

【识别特征】

粗榧常绿为木本，叶基扭转假二列；
叶背两条气孔带，球花异株种如核。

高山三尖杉 *Cephalotaxus fortunei* Hooker var. alpina H. L. Li（图 6-16）：常绿乔木，树皮红褐色或褐色，片状开裂。叶螺旋状着生，披针状条形，长 4~9 cm，宽 3~3.5 mm，中脉隆起，下面有白色气孔带。雄球花 8~10 枚聚生成头状，几无总梗，雌球花生于小枝基部。种子椭圆状卵形，熟后紫色或紫红色。生于海拔 2300~3700 m 的高山林中。

(a) 高山三尖杉枝叶（正面）　　(b) 高山三尖杉枝叶（背面）

图 6-16　高山三尖杉

6. 柏科 Cupressaceae

【识别特征】

柏科亦多为木本，一年常绿四季青；

叶片鳞针对或轮，与松显著有区分。

柏木 *Cupressus funebris* Endl.（图6-17）：常绿乔木。小枝上着生鳞叶而成四棱形。叶鳞形，生于幼苗上或老树壮枝上的叶刺形；球花雌雄同株，单生枝顶，雄球花长椭圆形，黄色；球果球形，第2年成熟；种子有翅。生于海拔1300 m以下的石灰岩土壤的山地林中。

（a）柏木植株　　　　（b）柏木雌球果枝

图6-17　柏木

侧柏 *Platycladus orientalis*（L.）Franco（图6-18）：常绿乔木。树皮淡灰褐色或深灰色，纵裂成长条片剥落。小枝扁平，排成一平面。鳞形叶交互对生。雌雄同株，球花单生于短枝顶端；球果有种鳞4对。种子长卵形，无翅。生于海拔500～1500 m的山坡林中。为我国特产。

塔柏 *Sabina chinensis*（L.）Ant. var. *chinensis* cv. *Pyramidalis*（图6-19）：常绿乔木。树皮灰色，条裂。树体塔形。全为鳞叶，鳞叶在小枝上交互对

图6-18　侧柏植株花枝

生，紧贴小枝，雌雄异株，稀同株。球果卵圆形或近球形，熟后紫黑色或蓝黑色，被白粉，种子1粒，卵圆形。广泛分布于各地。

（a）塔柏植株　　　　（b）塔柏枝叶

图6-19　塔柏

7. 麻黄科 Ephedraceae

【识别特征】

麻黄外形似木贼，鳞叶对轮基成鞘；
雌雄异株有假被，种似浆果具肉苞。

中麻黄 *Ephedra intermedia* Schrend ex Mey. （图6-20）：灌木，高可达1 m；木质茎直立，粗壮，基部分枝较多；小枝灰绿色。节间长3~6 cm，节间有较细浅的纵槽纹。雄球花密集着生于节上，一般5~8枚；雌球花2~3个一簇，雌球花成熟时椭圆形或卵圆形，呈浆果状，苞片肉质，红色；种子卵圆形或长卵圆形。生于海拔3600 m的山坡、岩壁石缝及草地。

（a）中麻黄植株　　　　　　（b）中麻黄花枝

图6-20　中麻黄

第七章 被子植物及其识别特征

被子植物是现今最高等的植物类群,植物体为乔木、灌木或草本。具有真正的花,花通常由花萼、花冠、雄花群、雌蕊群组成;胚珠位于封闭的子房内;具有双受精现象;受精后子房发育成果实,胚珠发育成种子。现今全世界有被子植物300~400科,1万余属,约23.5万种;中国有226个科,2700余属,约3万种;四川有188科,1493属,8700余种。

第一节 双子叶植物纲

双子叶植物的种子胚中有2个子叶,植物的根系一般为直根系,叶脉为网状叶脉,花的基数为4或5基数。

一、原始花被亚纲

1. 金粟兰科 Chloranthaceae

【识别特征】

金粟兰科草或木,节大叶对苞突出;
裸花小型穗顶生,单体隔显单蕊果。

鱼子兰 *Chloranthus elatior* **Link**(图7-1):半灌木;单叶对生,纸质,长椭圆形至倒披针形,边缘具细锯齿,齿尖具腺体;托叶钻形。穗状花序顶生,常为圆锥花序;花白色,排列在花序轴上,苞片宽卵形;雄蕊3,中裂片全缘。生于500~1600 m的山坡、溪边林下。

图7-1 鱼子兰植株

2. 胡桃科 Juglandaceae

【识别特征】

胡桃落叶具树脂,羽状复叶无托叶;
单性同株雌荑荑,雌单房下坚翅核。

枫杨 *Pterocarya stenoptera* **DC.**(图7-2):落叶大乔木。树皮灰褐色,纵裂。

小枝灰色，有皮孔；叶多为偶数羽状复叶，叶轴有翅，边缘有细锯齿，上面有细小疣状凸起。花单性，黄绿色，雌雄同株，雌荑黄花序顶生。翅果，果序轴常有宿存的毛。生于海拔1500 m以下的阴湿地区。

（a）枫杨羽状复叶

（b）枫杨果枝

图7-2 枫杨

华西枫杨 *Pterocarya insignis* Rehd. et Wils.（图7-3）：落叶乔木；树皮暗灰色，纵裂。奇数羽状复叶，密生灰褐色毡毛；小叶纸质，顶生小叶长椭圆形，顶端渐尖。雄花序自芽鳞腋内生出；雌花具灰褐色毡毛。翅实球形，有脉纹。生于海拔1700～2600 m的疏林中，以沟边溪岸较多。

（a）华西枫杨植株

（b）华西枫杨果枝

图7-3 华西枫杨

图7-4 化香树果枝

化香树 *Platycarya strobilacea* Sieb. et Zucc.（图7-4）：落叶小乔木。奇数羽状复叶，互生，小叶卵状披针形。花单性或两性，雌雄同株；两性花序和雄花序着生于小枝顶端或叶腋，中央的一条常为两性花序，雄花序在上，雌花序在下；果序球果状。生于海拔600～1000 m的向阳山坡杂木林中。

3. 桦木科 Betulaceae

【识别特征】

桦木落叶灌乔木，互生叶托叶早落；
雌雄同株花聚球，无被花来结坚果。

桤木 *Alnus cremastogyne* Burk.（图 7-5）：落叶大乔木。树皮光滑，灰色。芽有 2 枚无毛鳞片。单叶互生，叶片倒卵形，边缘具疏锯齿。雄花为菜荑花序，单生下垂；雌花序球形，每苞片有花 2 朵，果穗单生下垂。生于海拔 600～1000 m 的山谷、沟边、河岸及村落附近。

（a）桤木花序　　　　　　　　　（b）桤木枝条

图 7-5　桤木

4. 壳斗科 Fagaceae

【识别特征】

板栗栎树为木本，单叶革互有托叶；
蕊瓣雌穗苞壳斗，坚果籽单常褐色。

板栗 *Castanea mollissima* Blume（图 7-6）：乔木，高达 15 m；树皮深灰色，不规则深纵裂。叶长椭圆形或长椭圆状披针形，有锯齿，齿端具芒状尖头；雄花每簇具花 3～5 朵，雌花生于雄花序下部，2～5 朵生于总苞内。壳斗内有果 2～3 个，多栽培于低山丘陵地带。

图 7-6　板栗果枝

5. 桑科 Moraceae

【识别特征】

桑科木本有乳汁，花小单性头状多；
蕊瓣四五对内折，瘦果包藏聚花果。

构树 *Broussonetia papyrifera* (Linn) Lévl. et Vant.（图7-7）：落叶乔木，高达10~20 m。树干常屈曲；树皮暗灰色，平滑；叶互生或对生，叶广卵形至椭圆状卵形；托叶分离，卵状披针形，早落。花雌雄异株，雄花序圆柱形；雌花极多数，密集成头状花序；聚花果球形，小核果扁球形。生于海拔2400 m以下的山坡、林地、旷野。

（a）构树雄花枝　　　　　　　　（b）构树果实

图7-7　构树

裂叶榕 *Ficus gasparriniana* Miq. var. laceratifolia Comer（图7-8）：灌木或小乔木。有乳汁；单叶互生；叶倒卵状披针形或倒卵形。隐头花序（榕果）单生于叶腋，球形或椭圆形；雄花和瘿生于同一花序托内；雄花具花被片3，雄蕊2；瘿花花柱短，房球形。生于海拔600~1300 m的山地林中或水边灌丛处。

（a）裂叶榕植株　　　　　　　　（b）裂叶榕植株花枝

图7-8　裂叶榕

葎草 *Humulus scandens* (Lour.) Merr.（图7-9）：多年生蔓性草本，茎具倒钩刺。单叶，对生，掌状3~7裂片，粗锯齿缘。单性花，雌雄异株；雄花花被5裂，雄蕊5；雌花少数，常2朵聚生，花柱2。瘦果扁球形。生于海拔1500 m以下的旷地或溪边。

（a）葎草群落　　　　　　　　（b）葎草嫩枝

图7-9　葎草

桑 *Morus alba* Linn.（图7-10）：乔木或灌木。树皮灰褐色，不规则浅纵裂；叶互生，卵形或宽卵形；雄花具花被片4，淡绿色，覆瓦状排列；雌花无梗，花被片倒卵形。聚花果卵状椭圆形，红色或紫黑色。常生于海拔2000 m以下的林内、溪旁、道旁和住宅周围。

（a）桑树花枝　　　　　　（b）桑树果实

图7-10　桑树

异叶榕 *Ficus heteromorpha* Hemsl.（图7-11）：灌木或小乔木。叶形变异甚大，倒卵状椭圆形，琴形至长椭圆状披针形，叶面粗糙，背面有点状钟乳体，全缘或微波状，托叶披针形，红色，膜质；榕果成对腋生，成熟榕果紫黑色。生于海拔2200 m以下的林中或溪边。

图7-11　异叶榕果枝

6. 荨麻科 Urticaceae

【识别特征】

荨麻螫毛如蝎刺，单叶互生或对生；
花小单性多聚伞，花丝蕾中曲不伸。

粗齿冷水花 *Pilea fasciata* Franch.（图7-12）：草本，无毛；叶对生，叶片卵形、宽卵形或椭圆形，边缘生粗齿。雌雄异株。雄花具花被片4；雌花具花被片3，近等大，卵形，柱头画笔头状。瘦果卵形，扁，光滑。生于海拔500~1500 m的山谷、溪旁或林下阴湿处。

大叶苎麻 Boehmeria longispica Steud.（图 7-13）：亚灌木或多年生草本。叶对生，近圆形、圆卵形或卵形，边缘具齿；具柄。雌雄异株，退化雌蕊椭圆形；雌花花被倒卵状纺锤形。生于海拔 1000~1300 m 的疏林和灌丛中。叶入药清热解毒、消肿，用于治疗疮疖。

图 7-12 粗齿冷水花植株

图 7-13 大叶苎麻植株

糯米藤 *Memorialis hirta*（Blume）Wedd.（图 7-14）：多年生草本，常蔓生状。单叶对生；叶片卵圆形或椭圆披针形，全缘。花小黄绿色，簇生叶腋，单性同株；雄花具花被片 3~5，雄蕊 5，对生；雌花花被 2~4 裂。生于海拔 500~1000 m 的矮草丛中或石缝中。全草入药健脾消食，清热利湿。

水麻 *Debregeasia edulis*（Sieb. et Zucc.）Wedd.（图 7-15）：落叶灌木。叶互生，披针形或狭披针形，边缘密生小齿。雌雄异株，雄花具花被片 4，雄蕊 4；雌花簇直径约 2 mm。瘦果小浆果状，鲜时橙黄色。生于海拔 550~2800 m 的溪边或林边。根叶入药有祛风湿、止血、止咳之效。

图 7-14 糯米藤植株

图 7-15 水麻植株

7. 蓼科 Polygonaceae

【识别特征】

蓼科叶有托叶鞘，单被宿存将果包；
雄蕊通常六至九，瘦果单籽花盘小。

齿果酸模 *Rumex dentatus* Linn.（图 7-16）：又名羊蹄，多年生草本。叶片矩圆形或宽披针形；托叶鞘膜质，筒状。具花序顶生；花两性，黄绿色；花被片 6，成 2 轮，果期内轮花被片增大，边缘有不整齐的针刺状齿；雄蕊 6；瘦果卵形，有 3 锐角棱。生于海拔 550~1800 m 的溪边或旷地。

（a）齿果酸模果枝　　　　　　　（b）齿果酸模花

图 7-16　齿果酸模

杠板归 *Polygonum perfoliatum* L.（图 7-17）：多年生蔓性草本，全株无毛；茎生倒钩刺；叶互生，近三角形，托叶鞘叶状，穿叶；叶柄、叶脉疏生钩刺。短穗状花序，花被白色或淡红紫色，5 裂。瘦果球形，暗紫色，有光泽。生于海拔 500～1200 m 的荒地、路旁和灌木丛中。

（a）杠板归植株　　　　　　　（b）杠板归叶子

图 7-17　杠板归

虎杖 *Polygonum cuspidatum* Sieb. et Zucc.（图 7-18）：又名花斑竹，多年生灌木状草本。根状茎横走。茎表面散生紫红色斑点。叶片宽卵状椭圆形。雌雄异株，圆锥花序腋生；花被 5 深裂，裂片 2 轮，外轮 3 片结果时增大；果实有 3 棱。生于海拔 600～1500 m 的山谷阴湿处或林下。

（a）虎杖植株　　　　　　　（b）虎杖嫩枝

图 7-18　虎杖

图 7-19　火炭母植株

火炭母 *Polygonum chinense* L.（图 7-19）：多年生草本。叶互生，卵状长椭圆形或卵状三角形，上表面有 V 形黑纹；头状花序，再组成圆锥花序，腋生；花白色、淡红色或紫色；花被 5 深裂。瘦果黑色，具 3 棱。生于海拔 600～1800 m 的山谷阴湿处或林下。

金线草 *Antenoron filiforme*（Thunb.）Roberty et Vautier（图 7-20）：多年生草本。茎直立，圆柱形，全体被毛。单叶互生，具柄；叶片全缘；托叶鞘管状，膜质，抱茎。淡红色小花，穗状花序顶生或腋生；花被 4 裂，裂片卵状椭圆形。瘦果卵圆形。生于海拔 550～1650 m 的山坡草地上或山谷阴湿处。

（a）金线草植株　　　　　　　　（b）金线草花序

图 7-20　金线草

尼泊尔酸模 *Rumex nepalensis* Spreng.（图 7-21）：多年生草本。基生叶有长柄；叶片矩圆状卵形或三角状卵形，托叶鞘膜质。花序圆锥状，顶生；花两性，轮生；具花被片 6，成 2 轮，在果时内轮花被片增大，宽卵形；雄蕊 6；柱头 3。瘦果有 3 锐角棱。生于低海拔林缘或草坡旷地。

（a）尼泊尔酸模植株　　　　　　（b）尼泊尔酸模花序

图 7-21　尼泊尔酸模

头花蓼 *Polygonum capitatum* Buch. –Ham. ex D. Don（图7-22）：多年生草本。茎匍匐，丛生，一年生枝直立，具纵棱，疏生腺毛。叶卵形，全缘；托叶鞘筒状，膜质。花序头状，顶生；花被5深裂，淡红色；雄蕊8，花柱3；柱头头状。瘦果包于宿存花被内。生于海拔600~3500 m的山坡或山谷湿地。

掌叶大黄 *Rheum palmatum* L.（图7-23）：多年生草本。基生叶宽卵形或近圆形，掌状5~7中裂，裂片窄三角形，叶柄粗壮；茎生叶互生，较小；托叶鞘大，膜质，淡褐色。大圆锥花序顶生；花小，红紫色，具花被片6片。瘦果三棱形，具翅。生于山区林缘或草坡；亦有栽培。

图 7-22　头花蓼　　　　　　　图 7-23　掌叶大黄

支柱蓼 *Polygonum suffultum* Maxim（图7-24）：多年生草本。基生叶丛出，具长柄，茎生叶互生；叶片卵形或广卵形，质薄，全缘，托叶鞘膜质。白色小花，穗式总状花序；花被5深裂，裂片椭圆形；雄蕊8。瘦果三棱状倒卵形。生于海拔600~1500 m的山谷阴湿处或林下。

（a）支柱蓼植株　　　　　　　（b）支柱蓼根状茎

图 7-24　支柱蓼

8. 藜科 Chenopodiaceae

【识别特征】

藜科花小无花瓣，宿萼绿色花后增；
蕊萼同数且相对，胞果种扁胚弯生。

灰灰菜 *Chenopodium album* Linn（图7-25）：一年生草本。叶互生，下部叶片菱状卵形，上部叶片披针形；下面常被白粉。花小形，两性，黄绿色，圆锥花序；具花被片5，卵形；雄蕊5，伸出花被外；柱头2。种子双凸镜状。生于生长于海拔550~3200 m的旷地及林缘草丛中。

9. 苋科 Amaranthaceae

【识别特征】

苋科苞片胞果显，花被3~5干膜质；
雄蕊同被且对生，花丝基部短管连。

图7-25 灰灰菜植株

鸡冠花 *Celosia cristata* L.（图7-26）：一年生草本。茎直立，绿色或带红色。叶互生，卵形、卵状披针形或披针形。花序扁平，鸡冠状，顶生；苞片、小苞片和花被片紫色或红色，干膜质；雄蕊5，花丝下部合生成杯状；子房上位，柱头2浅裂。种子扁圆形。各地广为栽培。

土牛膝 *Achyranthes aspera* Linn.（图7-27）：一年生或两年生草本，茎具4棱；叶对生倒卵形或长椭圆形；穗状花序顶生；苞片卵形；小苞片披针形，萼片5，披针形，雄蕊5，花丝基部合生成杯状；果为胞果，卵形。生于海拔500~2200 m的山坡、路旁及空旷草地上。

图7-26 鸡冠花植株

图7-27 土牛膝枝叶

10. 紫茉莉科 Nyctaginaceae

【识别特征】

紫茉莉科草灌木，单叶全缘托叶无；
2至5花成聚伞，子房上位结瘦果。

紫茉莉（胭脂花）*Mirabilis jalapa*. L.（图7-28）：多年生草本，块根粗壮、肉质；叶交互对生，卵状三角形；叶柄显紫色；花单生或3~6朵簇生于枝端；苞片钟形，先端5裂，卵状三角形；花被红色、粉红色、白色或黄色，高脚蝶形；果实卵形或球形，黑色。栽培观赏。

(a) 紫茉莉植株　　　　　　(b) 紫茉莉花

图 7-28　紫茉莉

11. 商陆科 Phytolaccaceae

【识别特征】

商陆叶互边全缘，花萼瓣状四五生；
花蕊均为 8 至 10，浆果多由分果成。

商陆 Phytolacca acinosa Roxb.（图 7-29）：多年生草本。根肥大肉质，圆锥形；茎绿色或紫红色；叶互生，纸质，椭圆形至长椭圆形，全缘；总状花序顶生或与叶对生；花两性，白色或带粉红色；浆果扁球形，熟时紫黑色。生于海拔 550～2200 m 的山沟边或林下常栽培或半野生。

图 7-29　商陆植株

12. 石竹科 Caryophyllaceae

【识别特征】

石竹全科为草本，节大叶对基部合；
花序聚伞石竹花，胎崖特立齿蒴果。

图 7-30　石竹植株

石竹 Dianthus chinensis L.（图 7-30）：多年生草本。茎丛生，节膨大。叶线状披针形；花簇生成聚伞花序；萼圆筒形，先端 5 裂；花瓣鲜红色、白色、粉红色，边缘有不整齐的浅锯齿；蒴果包于宿萼内。种子边缘有狭翅。生于低海拔的山地。栽培观赏。

繁缕 Stellaria media (Linn.) Cyr.（图 7-31）：一年或二年生草本，高 10～30 cm。单叶对生；叶片卵圆形或卵形。花两性；花单生枝腋或成顶生的聚伞花序。萼片 5。花瓣 5，2 深裂直达基部；雄蕊 10，子房卵形。蒴果卵形,先端6裂。生于低海拔的田野。

(a) 繁缕植株

(b) 繁缕花枝

图 7-31　繁缕

13. 领春木科 Eupteleaceae

【识别特征】

领春木科乔灌木,木质部中生管胞;

雄蕊多数花无被,心皮离生长翅果。

多子领春木 *Euptelea pleiosperma* Hood. f. et Thoms. (图 7-32):落叶小乔木,高5~10 m。叶互生,卵形或椭圆形,缘具疏锯齿。花两性,先叶开放,簇生,无花被;雄蕊6~14,花药红色;心皮6~12,离生,有长子房柄。翅果不规则倒卵圆形。生于海拔700~1800 m的山坡、沟谷林中。

(a) 多子领木春叶背面

(b) 多子领木春果枝

图 7-32　多子领木春

14. 毛茛科 Ranunculaceae

【识别特征】

毛茛全科多草本,蕊多螺列为原始;

花序多种含碱甙,5数不香异木兰。

川乌 *Aconitum carmichaeli* Debx (图 7-33):多年生草本。根膨大,2~3个连生,母根称乌头,旁生侧根称附子。叶互生,掌状2~3回分裂。总状花序顶生;

开蓝紫色花,花冠像盔帽;萼片5,花瓣2。蓇葖果3~5。生于海拔2000 m以下的山地林缘,可栽培。

(a) 川乌植株

(b) 川乌花果枝

图7-33　川乌

峨眉獐耳细辛 *Hepatica yamatutai* Nakai（图7-34）：多年生草本。叶片宽卵形,3浅裂近中部,裂片三角形;总苞苞片3;萼片5~6,白色,狭倒卵形,先端钝,无毛;无花瓣;雄蕊多数;心皮约10,子房密被长柔毛。生于海拔1300~2500 m的山地林下。

(a) 峨眉獐耳细辛群落

(b) 峨眉獐耳细辛植株

图7-34　峨眉獐耳细辛

还亮草 *Delphinium anthriscifolium* Hance（图7-35）：一年生草本。叶片三角窄卵形或菱状卵形,1~3回羽状全裂。花淡紫色,左右对称,总状花序;花萼5;花瓣2,瓣片不等3裂;退化雄蕊2,无毛,瓣片斧形;雄蕊多数,较花萼短。生于800 m以下的低山草地或林中。

(a) 还亮草植株

(b) 还亮草花

图7-35　还亮草

图7-36 黄连植株

黄连 *Coptis chinensis* Franch.（图7-36）：多年生草本。根茎黄色，常鸡爪状分枝。叶基生，卵状三角形，3全裂。聚伞花序顶生；萼片5，黄绿色，花瓣倒披针形；雄蕊多数。蓇葖果具细柄。生于海拔1200～2000 m的山地林中或山谷阴处，野生或栽培。

裂叶星果草 *Asteropyrum cavaleriei* Drumm. et Hutch.（图7-37）：多年生矮小草本。叶基生；叶柄盾状着生，叶片五角形，5裂。春季开花，卵形；萼片5，白色或淡紫色，椭圆形或倒卵形，瓣片圆形，黄色或白绿色；雄蕊多数；蓇葖果星状展开。生于海拔1100～1500 m的山谷密林阴湿处。

耧斗菜 *Aquilegia ecalcarata* Maxim.（图7-38）：多年生草本。为2回3出复叶；小叶倒卵形、扇形或卵形，3裂；花序具2～6朵花；萼片5，深紫色；花瓣顶端截形，无距；雄蕊多数；心皮4～5。种子黑色，倒卵形，表面有凸起的纵棱。生于海拔1800～3500 m的山地林下或路旁。

图7-37 裂叶星果草植株   图7-38 耧斗菜花枝

驴蹄草 *Caltha palustris* L.（图7-39）：多年生草本。基生叶3～7，有长柄；叶片圆形、圆肾形；花两性，萼片5，花瓣状，黄色，先端圆；花瓣无；雄蕊多数；心皮7～12，与雄蕊近等长；蓇葖果。生于海拔600～4000 m的山地溪谷边、湿草甸或草坡阴湿处。

（a）驴蹄草花序   （b）驴蹄草植株

图7-39 驴蹄草

石龙芮 *Ranunculus sceleratus* L.（图7-40）：一年生草本。叶片宽卵形，3深裂，有时裂达基部，中央裂片菱状倒卵形。花序常具较多花；花小；萼片5；花瓣5，黄色，窄倒卵形，基部蜜槽不具鳞片；花柱短。聚合果矩圆形。生于海拔500~800 m的溪沟边或湿地。

西南毛茛 *Ranunculus ficariifolius* Lévl. et Vant.（图7-41）：一年生草本。基生叶和茎生叶均具柄；叶片三角状卵形、宽卵形或近菱形，边缘具疏牙齿；基部具鞘。花具细梗；萼片5，船形；花瓣5，黄色，倒卵形，聚合果近球形。生于海拔1600~3200 m的山坡草地或沟边。

图7-40　石龙芮的花和果实　　　图7-41　西南毛茛植株

扬子毛茛 *Ranunculus sieboldii* Miq.（图7-42）：多年生草本。叶为3出复叶；花与叶对生，密生柔毛；萼片狭卵形，花瓣5，黄色，雄蕊20余，花托粗短，密生白柔毛。聚合果圆球形，直径约1 cm；瘦果扁平。生于海拔300~2500 m的山坡林边及平原湿地。

（a）扬子毛茛植株　　　（b）扬子毛茛果枝

图7-42　扬子毛茛

绣球藤 *Clematis montana* Buch. -Ham.（图7-43）：多年生藤本。茎圆柱形，有纵条纹；叶为三出复叶；小叶卵形，3浅裂，边缘有锯齿。花萼4片，花瓣状，白色，展开，外面疏生短柔毛；无花瓣；雄蕊多数，无毛；瘦果卵形。生于800~2500 m的山地林缘或半阴处。

（a）绣球藤花枝　　　　　　（b）绣球藤的花

图 7-43　绣球藤

单叶升麻 *Beesia calthaefolia* (Maxim. Ex Oliv.) Ulbr.（图 7-44）：多年生草本。叶 2~4，均基生；叶片肾形或心形，上部密生伸展的短柔毛。复聚伞花序圆锥状。花小，白色或带粉红色，狭卵形或椭圆形。蓇葖果扁。生于山地林下阴处。

（a）单叶升麻植株　　　　　　（b）单叶升麻花枝

图 7-44　单叶升麻

翠雀花 *Delphinium sutchuenense* Franch.（图 7-45）：多年生草本。叶片圆，醑形，裂片细裂，小裂片条形。总状花序具花 3~15，蓝色或紫蓝色。蓇葖果 3 个聚生。生于山坡、草地、固定沙丘。

（a）翠雀花植株　　　　　　（b）翠雀花的花

图 7-45　翠雀花

图 7-46　野棉花植株

野棉花 *Anemone vitifolia* Buch.-Ham.（图 7-46）：多年生草本。叶片心状卵形或心状宽卵形，上面疏被短糙毛，下面密被白色短绒毛。聚伞花序常为 2~4 朵花簇生。花瓣状，白色或淡红色，外密被白色绵毛，内面无毛。瘦果多数，集合成球果状，密生白毛。生于山野阴湿处。

草乌 *Aconitum kusnezoffii* Reichb（图 7-47）：多年生

草本植物。叶片纸质或近革质,五角形,近羽状深裂,小裂片披针形。总状花序,有长爪,距卷曲;蓇葖果。生于山坡草地或疏林中海拔400~2000 m处。

(a) 草乌植株

(b) 草乌花

图7-47 草乌

15. 木通科 Lardizabalaceae

【识别特征】

木通木藤多缠绕,掌叶互生髓部显;
花序总状为单性,雄蕊6枚心皮分。

猫儿屎 *Decuisnea fargesii* **Franch**(图7-48):落叶灌木。茎干灰褐色;奇数羽状复叶,小叶15~25,卵形,全缘;花杂性;萼片6,绿色,花瓣缺;果为圆柱形肉质蓇葖,沿腹缝线开裂;种子黑色,扁圆形。多生于海拔1000~2700 m的杂木林或山谷沟边。

(a) 猫儿屎植株

(b) 猫儿屎的花

(c) 猫儿屎果实

图7-48 猫儿屎

紫花牛姆瓜 *Holboellia fargesii* **Reaub.**(图7-49):攀缘灌木。掌状复叶,小叶5,狭长椭圆形或倒卵状披针形,背面灰白色。花单性,雌雄同株。萼片近肉质,长匙形。雄花绿白色,雌花紫色。浆果矩圆形,肉质,成熟时紫色。生于海拔2100~2800 m的山坡林缘及灌木丛中。

（a）紫花牛姆瓜茎藤　　　　　　（b）紫花牛姆瓜果实

图 7-49　紫花牛姆瓜

16. 小檗科 Berberidaceae

【识别特征】

小檗叶刺萼瓣混，排成 2 轮至多轮；

雄蕊 3~9 常对瓣，心皮单一浆果成。

图 7-50　天全淫羊藿花枝

天全淫羊藿 *Epimedium flavum* Stearn（图 7-50）：多年生草本。小叶近革质，卵形，叶缘具刺齿。花大，直径约 3 cm；萼片 2 轮，外萼片早落，内萼片披针形，淡黄色，花瓣稍长于内萼片，淡黄色，呈钻状距。生于海拔 1200~2000 m 的林下。

川滇小檗 *Berberis jamesiana* Jorrest et W. W. Smith（图 7-51）：落叶灌木，高 1~3 m。叶近革质，长圆状倒卵形，具密细刺齿。浆果初时乳白色，后变为亮红色。花期 4~5 月，果期 6~9 月。生于海拔 2100~3600 m 的山坡、林缘或灌丛中。

豪猪刺 *Berberis julianae* Schneid.（图 7-52）：常绿灌木。茎刺粗壮，三分叉。叶革质，披针形或倒披针形。花 10~25 朵簇生，呈黄色；浆果长圆形，成熟后蓝黑色，被白粉。生于海拔 600~1800 m 的山地林中或沟边。

图 7-51　川滇小檗果枝　　　　　　图 7-52　豪猪刺果枝

桃儿七 *Sinopodophyllum extnedium*（Wall.）Ying（图 7-53）：又名小叶莲。多年生草本。根茎粗壮。茎单一。叶 2~3，掌状 3~5 深裂。花单生叶腋，先叶开放，粉红色；花瓣 6，排成 2 轮，外轮较内轮为长；雄蕊 6；花柱短，柱头多裂。

浆果卵圆形，熟时红色。生于海拔2000～3000 m的山地草丛中或林下。

狭叶十大功劳 *Mahonia fortunei*（Lindl.）Fedde（图7-54）：常绿小灌木，高可达2 m，奇数羽状复叶，小叶5～9，狭披针形，叶缘有针刺状锯齿6～13对。顶生直立总状花序，两性花，花黄色，有香气，浆果卵形，蓝黑色。生于海拔600～1400 m的山谷或林下湿地。

图7-53　桃儿七植株

图7-54　狭叶十大功劳植株

17. 木兰科 Magnoliaceae

【识别特征】

木兰木本油香气，托叶包芽叶互生；
花大单生被3数，蕊多螺列托延伸。

含笑 *Michelia figo*（Lour.）Spreng.（图7-55）：常绿灌木或小乔木。单叶互生，叶椭圆形，绿色，光亮，厚革质，全缘。花单生叶腋，花形小，呈圆形，花瓣6片，肉质淡黄色，边缘常带紫晕。栽培观赏。

（a）含笑的花

（b）含笑的花枝

图7-55　含笑

荷花玉兰 *Magnolia grandiflora* Linn.（图7-56）：常绿乔木。叶厚革质，全缘；托叶与叶柄分离。花单生枝顶，荷花状，白色；花被片通常9，倒卵形，质厚。聚合果圆柱形，密生锈色绒毛；蓇葖卵圆形，顶端有外弯的喙。种子近卵圆形或卵形，外种皮红色。广泛栽培。

（a）荷花玉兰植株

（b）荷花玉兰的花

图 7-56　荷花玉兰

厚朴 *Magnolia officinalis* **Rehd. et Wils.**（图 7-57）：落叶乔木，顶芽大。叶革质，倒卵形，顶端圆形、钝尖或短突尖，全缘或微波状，背面有白色粉状物。花两性，单生于幼枝顶端，白色；聚合果长圆形或卵形。生于海拔 700～2000 m 的山坡林中，喜生于温暖湿润的坡地。

玉兰 *Magnolia denudata* **Desr.**（图 7-58）：落叶乔木。嫩枝有毛，冬芽密生灰绿色长绒毛。叶互生，倒卵形至倒卵状矩圆形。花大，钟形，先叶开放；花被片 9，3 轮，白色，矩圆状倒卵形；聚合成

图 7-57　厚朴的果实

圆筒形，褐色；蓇葖果成熟后开裂，种子红色。多见栽培。

（a）玉兰的植株

（b）玉兰的花

图 7-58　玉兰

18．樟科 Lauraceae.

【识别特征】

樟科常绿亦木本，叶革芳香被两轮；
雄蕊 4 轮具腺体，花药瓣裂球顶生。

樟 *Cinnamomum camphora*（L.）Presl（图7-59）：常绿乔木；全株具香气。树皮黄褐色，有不规则纵裂纹。叶互生，革质，卵形，下面灰绿色。圆锥花序腋生；花被片6，淡黄绿色；能育雄蕊9，第3轮雄蕊花药外向，瓣裂；子房上位。浆果球形，紫黑色。生于山坡、溪边；多栽培。

宜昌润楠 *Machilus ichangensis* Rehd. et Wils.（图7-60）：乔木。顶芽近球形，芽鳞近圆形。叶矩圆状披针形或矩圆状倒披针形，侧脉数对。具圆锥花序，着生于当年生小枝的基部；花柱基部较粗，向上渐细瘦，柱头头状。果圆球形，有短尖头；果梗稍增粗。生于海拔600~1400 m的林中。

图7-59　香樟枝叶

图7-60　宜昌润楠果枝

杨叶木姜子 *Litsea populifolia* Gamble（图7-61）：又称圆叶木姜子，落叶小乔木；芽卵形；叶薄革质，矩圆形或圆形。花序聚生在顶端；每花序有数朵花；雄花的花被裂片卵形或椭圆形，雄蕊9，雌花与雄花相似而较小；果圆球形。生于海拔1000~2500 m的阔叶林或灌丛中。

19．罂粟科 Papaveraceae

【识别特征】

罂粟草本乳色汁，萼2早落瓣4~6；
蕊多离生或6~4，侧座蒴果孔瓣裂。

图7-61　杨叶木姜子枝叶

大花荷包牡丹 *Dicentra macrantha* Oliv.（图7-62）：草本；根状茎横走。叶3回3出羽状全裂，1回裂片具细长柄，末回裂片菱状卵形或狭卵形，边缘具齿。复单歧聚伞花序；花瓣淡黄绿色或绿白色；雄蕊6，合生成2束。蒴果具宿存花柱。生于海拔1500~2600 m的山地林下。

小花黄堇 *Corydalis racemosa*（Thunb.）Pers.（图7-63）：丛生草本。茎具棱。基生叶具长柄。茎生叶具短柄，叶片三角形，二回羽状全裂，具短柄，羽片卵圆形至宽卵圆形。总状花序。花黄色至淡黄色。萼片小，卵圆形，早落。距短囊状。生于海拔400~1600 m的林缘阴湿地或溪边。

图7-62　大花荷包牡丹植株　　　　图7-63　小花黄堇植株

紫堇 *Corydalis edulis* **Maxim.**（图7-64）：一年生草本，根细长。叶1~2回羽状全裂，第1回的裂片5~7枚，有柄；第2回的裂片近无柄，3深裂。总状花序；花瓣粉红色，顶端2裂。蒴果线形；种子黑色。生于海拔400~1600 m的林缘阴湿地或溪边。

（a）紫堇植株　　　　　　　（b）紫堇花枝

图7-64　紫堇

20．十字花科 Cruciferae

【识别特征】

十字花科草本辣，总状花序十字花；
四强雄蕊两心皮，长短角果假隔膜。

大叶碎米荠 *Cardamine macrophylla* **Willd.**（图7-65）：多年生草本。茎粗壮，通常直立。奇数羽状复叶，小叶片，长椭圆形或长卵状披针形。总状花序顶生或腋生，具多花；花瓣淡紫色或粉红色；长角果线形，有时带紫红色。生于海拔1500~2600 m的林缘、疏林或灌丛中。

萝卜 *Raphanus sativus* **L.**（图7-66）：一至二年生草本。根肉质，长圆形、球形或圆锥形，根皮红色或白色。基生叶及茎下部叶有长柄，中上部叶长，向上渐变小。总状花序，顶生及腋生。花淡粉红色或白色。长角果。常见的栽培蔬菜。

图 7-65　大叶碎米荠植株

图 7-66　萝卜花序

荠菜 *Capsella bursapastoris* (L.) Medic. （图 7-67）：一年或二年生草本。基生叶丛生，呈莲座状；叶片大头羽状分裂，卵形至长卵形。总状花序顶生或腋生，十字花冠，花瓣白色，匙形或卵形。短角果，倒卵状三角形或倒心状三角形。生于海拔1500 m以下的旷野或沟边。

（a）荠菜

（b）荠菜花序

图 7-67　荠菜

蔊菜 *Rorippa indica* (L.) Hiern （图 7-68）：一年生或二年生直立草本。基生叶和下部茎生叶具长柄；茎上部叶片不分裂，宽披针形，边缘具疏齿。总状花序生于枝顶，花多数，花瓣黄色；长角果线形；生长在海拔 600~2000 m 的路边、沟边、农田及山坡草丛中。

碎米荠 *Cardamine hirsuta* L. （图 7-69）：一年生或二年生草本。茎从基部起多分枝。奇数羽状复叶；基生叶多数，全部叶两面疏生柔毛或近无毛。总状花序顶生，花小，密集；花瓣白色，长倒卵形；长角果线形。生长在海拔 550~3100 m 的田边、沟边、河边及草坡上。

图 7-68　蔊菜植株

图 7-69　碎米荠植株

21. 虎耳草科 Saxifragaceae

【识别特征】

虎耳草科多草本,花数4~5瓣缺存;
雄蕊附瓣多蒴果,心皮结合花柱分。

挂苦绣球 Hydrangea xanthoneura Diels(图7-70):落叶灌木。叶对生,矩圆状椭圆,边缘有锯齿。聚伞花序顶生;花二型,具4枚萼瓣,宽椭圆形,全缘;孕性花小,三角形;花瓣与裂片同数,离生。蒴果顶端孔裂。生于850~2100 m的灌丛中或荒地上。

绣球花 Hydrangea macrophylla Wils.(图7-71):落叶灌木或小乔木。叶对生叶缘有锯齿。花于枝顶集成大球状聚伞花序,边缘具白色中性花。伞房花序球形;放射花萼片4,白色、粉红或蓝色。花有瓣状萼4~5;花瓣4~5,小形,雄蕊在10枚以内,雌蕊极度退化。栽培观赏。

图7-70 挂苦绣球　　　　　　图7-71 绣球花开花植株

羽叶鬼灯檠 Rodgersia pinnata Franch.(图7-72):多年生草本。根状茎粗大,坚硬,有棕褐色鳞片。单数羽状复叶互生,有长柄;小叶对生,茎下部叶小叶常密集成轮生状。黄白色圆锥花序顶生,花萼5,雄蕊10,心皮2。生于海拔800~2100 m的山地或溪谷边阴湿处。

虎耳草 Saxifraga stolonifera Curt(图7-73):多年生小草本。叶基生;叶片肉质,圆形,上面绿色,常有白色斑纹,下面紫红色,两面被柔毛。花茎直立,有分枝;圆锥状花序;苞片披针形,被柔毛;萼片卵形;花瓣5。蒴果卵圆形。生于550~2100 m的阴湿处。

图7-72 羽叶鬼灯檠果枝　　　　　　图7-73 虎耳草

黄常山 Dichroa febrifuga Lour.(图7-74):落叶灌木。叶对生,椭圆形、阔披针形。圆锥聚伞花序伞房状,着生于枝顶或上部的叶腋,花淡蓝色;花萼管状,花瓣5~6，长圆披针形或卵形；浆果圆形，蓝色，有宿存萼和花柱。生于550~1200 m的山谷、溪边及林下。

（a）黄常山花序

（b）黄常山圆形浆果

图7-74　黄常山

川溲疏 *Deutzia setchuenensis* Franch.（图7-75）：灌木。叶对生，具短柄。叶片狭卵形或卵形，边缘有小齿，有星状毛。聚伞花序伞房状；花萼密生白色星状毛，裂片5，正三角形；花瓣5，白色，矩圆状倒卵形；雄蕊10；子房下位。生于海拔800~1600 m的山地灌丛中。

图7-75　川溲疏

梅花草 *Parnassis palustris* L.（图7-76）：多年生草本。基生叶丛生，卵圆形至心形。花单一，顶生，白色至淡黄色，形似梅花；萼片5，长椭圆形；花瓣5，卵状圆形。蒴果卵圆形。生于山坡、林边、山沟、隰草地。

（a）梅花草植株

（b）梅花草的花

图7-76　梅花草

22. 海桐花科 Pittosporaceae

【识别特征】

海桐花科常绿木，单叶革质互或轮；

花部5数瓣具爪，蒴果黏肉种内生。

海桐 *Pittosporum tobira*（Thunb.）Ait（图7-77）：常绿灌木或小乔木。叶聚

生于枝顶，革质，倒卵形或倒卵状披针形。伞形花序顶生，密被黄褐色柔毛；花白色，有芳香，后变黄色；萼片卵形，被柔毛；花瓣倒披针形，离生。蒴果近球形，3 片开裂，果皮木质。栽培观赏。

图 7-77　海桐花枝

23. 金缕梅科 Hamamelidaceae

【识别特征】

　　金缕梅科全木本，单叶互着星毛生；
　　花萼 4～5 瓣有缺，蒴木顶裂喙宿存。

檵木 *Loropetalum chinensis* (R. Brown) Oliver（图 7-78）：常绿灌木。叶革质，卵形；托叶膜质，三角状披针形。花簇生于短穗状花序上，具短花梗；花瓣 4，带状，白色；蒴果卵圆形。生于海拔 580～1200 m 的林下。栽培观赏。

（a）檵木植株　　　　　　　　　（b）檵木花序

图 7-78　檵木

24. 杜仲科 Eucommiaceae

【识别特征】

　　杜仲单种杜仲胶，落叶乔木叶互生；
　　单性异株无花被，翅果扁平药用皮。

杜仲 *Eucommia ulmoides* Oliv.（图 7-79）：落叶乔木，树皮灰色，树皮、叶、果折断后有银白色细丝。单叶互生，卵状椭圆形，边缘有锯齿。花单性，雌雄异株，常先叶开放，无花被，子房扁，1室，有胚珠 2 颗。翅果狭椭圆形。生山地林中或栽培。

图 7-79　杜仲果枝

25. 蔷薇科 Rosaceae

【识别特征】

　　花果之乡蔷薇科，花托果实变化多；
　　托叶附柄最明显，根据花果分亚科。
　　上位萼葵绣线菊，蔷薇草刺蔷薇果；
　　核果集中桃李梅，梨苹梨果食花托。

绣线菊 *Spiraea chinensis* Maxim.（图7-80）：灌木。叶片长圆状披针形至倒卵形。伞形花序具花16~25朵，花白色；花瓣近圆形；雄蕊20~25，短于花瓣或与花瓣等长。蓇葖果开张，具直立稀反折的萼裂片。生于海拔500~2000 m的山坡灌丛中或山谷溪边。

（a）绣线菊植株　　　　　　（b）绣线菊花枝

图7-80　绣线菊

蛇莓 *Duchesnea indica* (Andr.) Focke（图7-81）：多年生草本。茎细长，三出复叶互生，小叶菱状卵形，两面均被疏柔毛，具托叶；叶柄与叶片等长或长数倍。花瓣黄色，倒卵形。聚合果成熟时花托膨大，海绵质，红色。瘦果小，多数，红色。生于海拔500~1200 m的山坡草丛中。

西南草莓 *Fragaria moupinensis* (Franch.) Card.（图7-82）：多年生草。通常为5小叶或3小叶，小叶片椭圆形或倒卵圆形，顶端圆钝；边缘具缺刻状锯齿。花序呈聚伞状；花两性；萼片卵状披针形；花瓣白色，倒卵圆形或近圆形。生于海拔1400~3500 m的山坡、草地或林下。

图7-81　蛇莓植株　　　　　图7-82　西南草莓植株

柔毛水杨梅 *Geum japonicum* Thunb. var. *Chinensis* F. Bolle（图7-83）：多年生草本。根茎粗短。基生叶为羽状复叶；茎生叶互生，越向茎顶越小。花单生或伞房花序式排列，黄色；副萼片线状披针形；花瓣5。瘦果细长，具宿存长刺状花柱。生于海拔500~2200 m的山坡荒地或潮湿的草丛中。

木香花 *Rosa banksiae* W. T. Aiton（图7-84）：为半常绿攀缘灌木。树皮红褐色，薄条状脱落。小枝绿

图7-83　柔毛水杨梅花枝

色，近无皮刺。奇数羽状复叶，小叶3~5，椭圆状卵形，缘有细锯齿。伞形花序，花白或黄色，单瓣或重瓣，具浓香。栽培观赏。

（a）木香花植株

（b）木香花花枝

图7-84　木香花

月季 *Rosa chinensis* Jacq.（图7-85）：矮小直立灌木；小枝有粗壮而略带钩状的皮刺，有时无刺。羽状复叶，小叶3~5，少数7，宽卵形或卵状矩圆形。花常数朵聚生；花梗长，少数短；花瓣重瓣至半重瓣，红色、粉红色至白色，倒卵形。庭院栽培。

（a）月季植株

（b）月季的花

图7-85　月季

图7-86　刺悬钩子的花枝

刺悬钩子 *Rubus pungens* Gamb.（图7-86）：灌木，高达2 m，疏生小皮刺；奇数羽状复叶，小叶7~13，卵形至卵状披针形，叶中脉、叶柄及叶轴有小皮刺；花直径3~4 cm，花冠白色。聚合果红色。生于海拔900~1800 m的在溪边、路旁或山坡林中。

贴梗海棠 *Chaenomeles speciosa*（Sweet）Nakai（图7-87）：落叶灌木，小枝无毛，有刺。叶片卵形至椭圆形，先端急尖，基部楔形至宽楔形，边缘有尖锐锯齿，托叶大，草质，常为肾形或半圆形，花簇生，淡红色或白色；梨果球形或长圆形，干后果皮皱缩。各地常有栽培。

(a) 贴梗海棠植株　　　　(b) 贴梗海棠花枝　　　　(c) 贴梗海棠果实

图 7-87　贴梗海棠

湖北海棠 *Malus hupehensis*（Pamp.）Rehd.（图 7-88）：乔木，小枝紫色至紫褐色。叶片卵形至卵状椭圆形。伞形花序，有花 4～6，花梗无毛；花白色或近白色；萼裂片三角状卵形，渐尖或急尖；花瓣倒卵形。梨果椭圆形或近球形，黄绿色稍带红晕。生于海拔 500～2900 m 的山坡丛林中。

图 7-88　湖北海棠的花

梨 *Pyrus pseudopashia* Yü（图 7-89）：乔木。托叶膜质，边缘具腺齿；叶片卵形或椭圆形。伞形总状花序，花瓣卵形，雄蕊 20；长约花瓣的一半；花柱 5 或 4，离生，无毛。果实褐色，近球形，味甜。一般生于海拔 600～1400 m 的温暖而多雨的地区。

(a) 梨的树枝　　　　　　　　　　(b) 梨的果实

图 7-89　梨

短柄稠李 *Prunus brachypoda* Batal.（图 7-90）：落叶乔木；树皮灰褐色。叶长椭圆形，先端渐尖，基部圆或微心形，芒状锯齿，下面脉腋有簇生毛。总状花序，基部具叶；萼片卵形，先端钝，具缘毛；花瓣白色，倒卵圆形。核果紫红或暗紫色，近球形。生于海拔 1000～3100 m 的山坡林中。

（a）短柄稠李枝条

（b）短柄稠李果枝

图 7-90　短柄稠李

图 7-91　樱桃花枝

樱桃 *Prunus pseudocerasus* Lindl.（图 7-91）：乔木，树皮灰褐色。叶互生；叶片卵形或卵状椭圆形，先端渐尖。春季先叶开白色花，3～6 朵簇生或为有梗的伞房花序；花瓣 5，卵圆形。核果近球形，红色多汁。生于海拔 2000 m 以下的阳坡、沟边、旷地。多为栽培。

火棘 *Pyracantha fortuneana*（Maxim.）H. L. Li（图 7-92）：常绿灌木，枝有刺。叶倒卵形或倒卵状长圆形。复伞房花序；花白色，萼筒钟状，裂片三角状卵形；花瓣近圆形。果实近圆形，深红色。生于海拔 1500 m 以下的阳坡、沟边或旷地。

（a）火棘植株

（b）火棘果枝

图 7-92　火棘

山里红 *Crataegus pinnatifida* Bge. var. major N.（图 7-93）：落叶小乔木。枝密生，有细刺。小枝紫褐色，老枝灰褐色。叶片三角状卵形至棱状卵形。复伞房花序，花白色，有独特气味。梨果深红色，近球形。

图 7-93　山里红果枝

26. 含羞草科 Mimosaceae

【识别特征】

含羞草科多乔木,头状花序花辐射;
雄蕊多数分或合,房上一室结荚果。

山合欢 *Albizia macrophylla*(Bge.) P. C. Huang(图7-94):乔木,树皮灰褐,浅纵裂。羽片2~4对;小叶5~14对,长圆形,中脉偏上缘,两面被灰白色平伏毛;叶柄基部之上具1腺体。头状花序2至多数排成伞房状,花黄白或粉红色;果带状。生于海拔1200 m以下的溪沟边和山坡上。

图7-94 山合欢花枝

27. 苏木科 Caesalpiniaceae

【识别特征】

苏木科为乔灌草,假蝶花冠要记牢;
10枚雄蕊房上位,一个心皮结荚果。

刺桐 *Erythrina orientalis*(L.) Murr.(图7-95):大乔木,高达20 m。顶生小叶宽卵形或卵状三角形,长8~15 cm,先端渐钝尖,基部平截或宽楔形,无毛。萼佛焰苞状,上部深裂达基部;旗瓣卵状、长椭圆状。果肿胀。种子暗红色。花期3月;果期9月。庭院栽培观赏。

(a) 刺桐植株

(b) 刺桐花枝

图7-95 刺桐

红花羊蹄甲 *Bauhinia blakeana* Dunn.(图7-96):乔木;多分枝。叶革质,近阔心形,先端2裂约为叶全长的1/4~1/3,裂片顶钝或狭圆。总状花序顶生或腋生,有时成圆锥花序;花大,萼佛焰状,花瓣红紫色,倒披针形;雄蕊5,其中3较长;子房具长柄,被短柔毛。广泛栽植。

（a）红花羊蹄甲植株　　　　　　（b）红花羊蹄甲

图7-96　红花羊蹄甲

紫荆 *Leguminosae*（Caesalpiniaceae）（图7-97）：高大灌木。树皮幼时暗灰色。叶互生，有长柄；叶片圆心形，基部深心形，全缘。紫红色花，4~10朵簇生于老枝上；花梗细；花萼钟状，缘有5钝齿；花冠假蝶形，5瓣；雄蕊10，分离；子房光滑。荚果豆角状。栽培观赏。

图7-97　紫荆花枝

28. 蝶形花科 Papilionaceae

【识别特征】

本科植物多生豆，单叶互生花蝶形；
旗瓣翼瓣龙骨瓣，二体雄蕊为特征；
子房上位雌蕊一，单心皮来荚果生。

白车轴草 *Trifolium repens* **Linn.**（图7-98）：多年生草本。茎匍匐蔓生。掌状三出复叶；叶柄较长；小叶倒卵形，先端凹头至钝圆。花序球形；萼筒状；花冠白色或淡红色。荚果倒卵状矩形。分布于海拔600~1200 m的山坡草丛中。公园绿地常栽培。

花生 *Arachis hypogaea* **L.**（图7-99）：一年生草本。根部有丰富的根瘤。羽状复叶；小叶4，倒卵形，先端圆形或微凹，基部窄。花单生或簇生于叶腋；花萼与花托合生，呈花梗状，萼齿2唇形；花冠黄色；雄蕊9合生，1退化；子房藏于萼管中。全国各地广泛栽培。

图7-98　白车轴草植株　　　　图7-99　花生植株

截叶铁扫帚 *Lespedeza cuneata* (Dum. -Cours.) G. Don（图7-100）：直立小灌木，分枝有白色短柔毛。三出复叶互生；小叶片条状楔形。短总状花序腋生，有花数朵，排列紧密；花萼5裂，钟状；蝶形花冠淡黄白色，心部带红紫色晕。荚果卵形，棕色。生于海拔550～1200 m的旷地或沟边。

图7-100　截叶铁扫帚植株

马棘 *Indigofera pseudotinctoria* Mats.（图7-101）：小灌木或半灌木。茎直立。单数羽状复叶，互生；小叶片矩状倒卵形。叶腋抽出穗式总状花序；花萼钟状，5裂；蝶形花冠红紫色，旗瓣大，椭圆状圆形；二体雄蕊。荚果圆柱形。生于海拔600～950 m的溪边、灌丛或林缘石隙中。

（a）马棘花序　　　　　（b）马棘枝

图7-101　马棘

四季豆 *Phaseolus vulgaris* Linn.（图7-102）：一年生缠绕或近直立草本。羽状复叶具3小叶；托叶披针形。小叶宽卵形，全缘。总状花序比叶短；小苞片卵形，宿存；花萼杯状，花冠白色、黄色、紫堇色或红色；子房被短柔毛。荚果带形。栽培作蔬菜用。

歪头菜 *Vicia unijuga* A. Brown（图7-103）：多年生草本。托叶2；小叶2，多为卵形或菱状椭圆形。总状花序从叶腋抽出。花萼斜钟状，5齿裂；蝶形花冠蓝紫色，深浅不一，旗瓣提琴状。荚果矩状条形。生于海拔800～2600 m的溪边、灌丛或林缘石隙中。

图7-102　四季豆植株　　　　图7-103　歪头菜植株

野豌豆 *Vicia sepium* L.（图7-104）：多年生草本。羽状复叶，顶端有卷须；小叶卵状披针形。总状花序腋生，花常2~6朵密生，总花梗短；花萼钟状，萼齿5；花冠红色或紫色；子房无毛。荚果棕褐色，矩圆形，两端尖，基部具短柄。分布于四川、云南、贵州。

图7-104　野豌豆花枝

百脉根 *Lotus corniculatus* L.（图7-105）：多年生草本。羽状复叶互生，小叶5，卵形或倒卵形；花萼宽钟形，萼齿三角形；花冠黄色。荚果细长圆柱状，种子多数，肾形。生于田埂、沟边及阴湿处。

（a）百脉根植株　　　　（b）百脉根花

图7-105　百脉根

29．酢浆草科 oxalidaceae

【识别特征】

酢酱草本均复叶，三出小叶常倒心；
夜间闭合花丝连，蒴果一触种子飞。

酢浆草 *Oxalis corniculata* L.（图7-106）：多年生草本。叶互生，掌状复叶有3小叶，倒心形。花单生或数朵集为伞形花序状，腋生。花瓣5，黄色；雄蕊10，子房长圆形，5室。蒴果长圆柱形。生于低海拔山坡草池、河谷或林下阴湿处。全草入药，有清热解毒，消肿的效用。

图7-106　酢浆草

山酢浆草 *Oxalis griffithii* Edgew. et Hook. f.（图7-107）：多年生草本。根状茎横卧。掌状三出复叶，倒三角形。花单生；花瓣5，倒卵形，白色或淡黄色；花丝基部合生；花柱5，离生。蒴果长圆形，成熟时胞背开裂。生于海拔1200~2000 m的山坡林下阴湿处。

(a) 山酢浆草植株　　　　　(b) 山酢浆草花

图 7-107　山酢浆草

30. 牻牛儿苗科 Geraniaceae

【识别特征】

牻牛儿苗叶单裂，花部多 5 常具距；

雄蕊倍瓣柱喙存，蒴果弹离瓣卷曲。

反瓣老鹳草 *Geranium refractoides*（图 7-108）：多年生草本植物。茎常在中部假二叉分枝。叶对生，掌状 5 深裂，两面均被稀疏伏毛。花序顶生，花瓣淡紫色，开花时向后反折；蒴果具短柔毛及腺毛。生于海拔 3000～4000 m 的山坡、草地、灌丛中。

(a) 反瓣老鹳草花枝　　　　　(b) 反瓣老鹳草的花

图 7-108　反瓣老鹳草

甘青老鹳草 *Geranium pylzowianum* Maxim（图 7-109）：多年生草本。根状茎串珠状，具梨形或豌豆形的小圆块。叶互生，叶片肾状圆形。花序腋生或顶生；花瓣倒卵形，具深紫色脉纹，内部被白色柔毛，具爪；蒴果被微柔毛。生于海拔 2500～3500 m 的山坡草地上。

老鹳草 *Geranium wilfordii* Maxim（图 7-110）：多年生草本。根状茎直立或斜生。叶对生，肾状三角形。花序顶生或腋生，花梗果期下弯；花瓣粉红色或近白色，具紫色脉纹，疏生白色柔毛，有爪；柱头紫红色，5 裂，蒴果被短毛。生于海拔 600~1750 m 的山地草丛中。

图 7-109　甘青老鹳草花枝

图 7-110　老鹳草花枝

天竺葵 *Pelargonium hortorum* **Bailey**（图 7-111）：多年生草本。茎基部木质有鱼腥味。叶互生，叶片圆形或圆肾形，托叶 2，淡绿色，伞形花序顶生或腋生；花多数；苞片卵圆形；花瓣白色，粉红色或深红色，倒卵形。庭院栽培。

（a）天竺葵植株

（b）天竺葵的花

图 7-111　天竺葵

31．芸香科 Rutaceae

【识别特征】

芸香草木均芳香，花盘下位雄蕊多；
聚伞花序花 5 数，叶型果实分亚科。
芸香萼荚多回羽，柑橘柑果单身叶；
黄柏核果羽状叶，蒴果树大巨盘木。

臭节草（白花松风草） *Boenninghausenia albiflora* **(Hook.) Meiss.**（图 7-112）：多年生草本，全株揉搓有强烈气味。2~3 回羽状复叶，小叶倒卵形。聚伞花序顶生，花两性，花瓣 4，白色，复瓦状排列。叶含芳香油，可驱蚊虫。生于海拔 400~2500 m 的山坡、路旁及林缘。

黄皮树 *Phellodendron chinense* **Schneid.**（图 7-113）：乔木，树皮暗棕色，有黏性；奇数羽状复叶对生，小叶有短柄，矩圆状披针形至卵形，不对称，近全缘花序圆锥状，花序轴密生短毛，花单性；果轴及果枝具短毛；核果球形，浆果状，黑色。生于杂木林中，也有栽培。

图 7-112　臭节草植株　　　　图 7-113　黄皮树植株

花椒 *Zanthoxylum bungeanum* **Maxim.**（图 7-114）：灌木或小乔木，茎干疏生增大的皮刺；奇数羽状复叶互生；叶片卵圆形；聚伞状圆锥花序顶生，花单性，雌雄异株，花被片三角状披针形；蓇葖果红色至紫红色。生于山坡、林缘、灌木丛中，或栽培于庭院。

（a）花椒植株　　　　　　（b）花椒叶、果

图 7-114　花椒

32. 大戟科 Euphorbiaceae

【识别特征】

　　　　　　　　　　大戟含乳花瓣无，总苞杯状花聚伞；
　　　　　　　　　　子房上位具花盘，蒴果 3 室种阜显。

巴豆 *Groton tiglium* **L.**（图 7-115）：常绿灌木或乔木。树皮深灰色；新枝绿色。单叶互生；叶片卵形。开绿色花，总状花序顶生，花单性，雌雄同株；雌花无花瓣，蒴果倒卵形，3 室，每室含种子 1 粒，即巴豆。多为栽培。

(a) 巴豆花枝　　　　　　　　(b) 巴豆花序

图 7-115　巴豆

蓖麻 Ricinus communis L.（图 7-116）：一年生草本或多年生灌木。茎直立，具白粉。单叶互生，具长柄，叶片盾状圆形，掌状分裂，主脉掌状。花单性，总状或圆锥花序，顶生，下部生雄花，上部生雌花。蒴果球形，有刺。全国大部分地区均有分布。

(a) 蓖麻植株　　　　　　　　(b) 蓖麻果实

图 7-116　蓖麻

雀儿舌头 Leptopus chinensis（Bunge）Pojark.（图 7-117）：灌木。叶互生，全缘；托叶小。花单性，雌雄同株。雄花：萼片 5~6，花瓣 5~6，雄蕊 5~6；雌花：萼片较雄花大，花瓣小，子房 3 室，每室 2 胚珠，花柱短，2 裂，顶端头状。蒴果开裂为 3 个 2 裂的分果瓣。分布于北京、东北、山东、华北、甘肃、四川等地。

山桐子 Idesia polycarpa Maxim.（图 7-118）：乔木；树皮淡灰色。叶卵形或心状卵形，下部有 2~4 紫红色腺体。花黄绿色，芳香；花序下垂。果球形，红色或橙褐色。花期 4~5 月；果期 10~11 月。主要分布于西南至四川、贵州、云南。

图7-117 雀儿舌头枝

图7-118 山桐子

油桐 *Vernicia fordii*（Hemsl）Airy-Shaw.（图7-119）：落叶小乔木。树皮灰色。单叶互生，叶片卵形至心形。花为顶生聚伞花序；花单性，雌雄同株。花瓣5；雄花有雄蕊8~20，花丝基部合生；雌花子房3~5室，每室1胚珠，花柱2。核果近球形，顶端有尖头。主要分布四川、贵州及云南等地。

（a）油桐的雌花和雄花

（b）油桐花枝

图7-119 油桐

33．黄杨科 Buxaceae

雀舌黄杨 *Buxus bodinieri* Lévl.（图7-120）：灌木，高达4 m。叶倒披针形、长圆状倒披针形。花密集成球状，总梗长约2.5 mm；雄花近无梗。果卵圆形。花期2月；果期5~8月。生于海拔1100~2700 m的杂木林内。四川习见栽培。

图7-120 雀舌黄杨

34. 马桑科 Coriariaceae.

马桑 *Coriaria sinica* Maxim.（图7-121）：灌木，高3~6 m。叶对生；叶片椭圆形或宽椭圆形，全缘。春季开紫色小花，总状花序侧生于前年生枝，花杂性，雄花先叶开放，雌花叶后开放，萼瓣同雄花，果浆果状，成熟时由红变紫黑色。生于海拔550~1350 m的山坡灌木丛中或林下。

(a) 马桑的花枝　　　　　　　　　　(b) 马桑的花序

图7-121　马桑

35. 漆树科 Anacardiaceae

【识别特征】

　　　　　　　　漆树乔木含树脂，叶互多羽具花盘；
　　　　　　　　被5蕊倍圆锥花，核果中央种子单。

盐肤木 *Rhus chinensis* Mill.（图7-122）：灌木或小乔木，高5~10 m；小枝、叶柄及花序均密生褐色柔毛；单数羽状复叶互生，叶轴及叶柄常有翅；圆锥花序顶生；花小，杂性，黄白色，萼片5~6。核果近扁圆形，直径约5 mm，红色，有灰白色短柔毛。生于山地阳坡疏林及灌丛中，也有栽培。

(a) 盐肤木花枝　　　　　　　　　　(b) 盐肤木枝叶

图7-122　盐肤木

36. 冬青科 Aquifoliaceae

猫儿刺 *Ilex pernyi* **Franch.**（图7-123）：常绿灌木或小乔木。单叶互生，叶片革质，卵形或卵状披针形。花淡黄色，单性，雌雄异株，花4数，花序簇生于二年生小枝叶腋内。浆果状核果，近球形。生于海拔800～2200 m的林下或灌丛中。

图7-123 猫儿刺枝

37. 卫矛科 Celastraceae

角翅卫矛 *Euonymus cornutus* **Hemsl.**（图7-124）：小灌木，高达2 m。叶披针形至线状披针形，先端长渐尖，基部宽楔形，具细密浅锯齿；聚伞花序3出，花梗细长；花径4数或5数；萼片半圆形；花瓣长圆形；雄蕊无花丝。蒴果紫红色，具4～5窄长翅。生于海拔1700～2200 m的林下或灌丛中。

图7-124 角翅卫矛花枝

38. 槭树科 Aceraceae

【识别特征】

槭树木本叶对生，单性两性瓣四五；
上位子房具2室，8数雄蕊双翅果。

房县槭 *Acer franchetii* **Pax**（图7-125）：落叶乔木。叶纸质，基部心脏形或近于心脏形，边缘有很稀疏而不规则的锯齿；中裂片卵形，先端渐尖；总状花序或圆锥总状花序，花黄绿色。小坚果特别凸起，近于球形，褐色。

扇叶槭 *Acer flabellatum* **Rehd.**（图7-126）：落叶乔木。叶薄纸质或膜质，基部深心脏形，常5裂；裂片卵状长圆形。花杂性，雄花与两性花同株，圆锥花序；萼片5，卵状披针形，先端钝尖；花瓣5，淡黄色，倒卵形。翅果淡黄褐色；小坚果凸起，近于卵圆形。

图7-125 房县槭的枝

(a) 扇叶槭植株　　　　(b) 扇叶槭果枝

图7-126 扇叶槭

疏花槭 *Acer laxiflorum* Pax（图7-127）：落叶乔木。叶纸质，长圆卵形，基部心脏形或近于心脏形，常3裂，稀5裂，中央裂片细长、三角状卵形，先端尾状锐尖；花淡黄绿色，杂性，雄花与两性花同株，总状花序。翅果嫩时紫色，翅张开成钝角或近水平。生于海拔1200～2200 m的林下或灌丛中。

（a）疏花槭植株　　　　　　（b）疏花槭果枝

图7-127　疏花槭

五尖槭 *Acer maximowiczii* Pax（图7-128）：落叶乔木。树皮黑褐色，叶纸质，叶片5裂；先端尾状锐尖；侧裂片卵形。花黄绿色，单性，雌雄异株，总状花序。翅果紫色，成熟后黄褐色；小坚果稍扁平。生于海拔1600 m以上的天然混交林中。

图7-128　五尖槭的枝

五裂槭 *Acer maximowiczii* Pax（图7-129）：落叶乔木。叶纸质，卵形或三角卵形，叶片5裂；中央裂片三角形、卵形，先端尾状锐尖；侧裂片卵形；花黄绿色，单性，雌雄异株，总状花序。翅果紫色，成熟后黄褐色；小坚果稍扁平。生于海拔1600 m以上的天然混交林中。

（a）五裂槭的枝　　　　　　（b）五裂槭的花

图7-129　五裂槭

39．凤仙花科 Balsaminaceae

【识别特征】

凤仙花科多水汁，萼3稀5具有距；

瓣5上一旗瓣显，蒴果弹裂急卷曲。

凤仙花 *Impatiens balsamina* L. （图7-130）：一年生直立草本。茎粗壮，肉质。叶互生，披针形、狭椭圆形或倒披针形。花两性，腋生，粉、紫、白色或杂色，单瓣或重瓣，萼3枚，花萼筒上有距，两侧2对花瓣合生，子房上位。蒴果熟后弹裂。庭院栽培。

40. 鼠李科 Rhamnaceae.

【识别特征】

图7-130 凤仙花腋生花

鼠李木本常具刺，叶互聚伞托叶存；
花数5~4蕊对瓣，花盘周位埋子房。

酸枣 *Zizyphus jujuba* Mill. var. *spinosus* Bunge（图7-131）：落叶灌木或小乔木。幼枝枝上有直和弯曲的刺。单叶互生，椭圆形或卵状披针形。黄绿色小花，萼片5；花瓣5，雄蕊5；核果近球形，熟时暗红褐色。生于海拔1000 m以下的向阳山坡灌木中。

（a）酸枣植株

（b）酸枣花枝

图7-131 酸枣

鼠李 *Rhamnus davurica* Pall.（图7-132）：落叶灌木或小乔木。叶宽椭圆形、卵圆形或长圆状椭圆形。果径6 mm，黑褐色。种子背侧纵沟与种子等长，种子与内果皮贴生。生于海拔1800 m以下的山坡、沟谷、林缘或灌丛中。

41. 葡萄科 Ampelidaceae（Vitaceae）

乌蔹莓 *Cayratia japonic*（Thunb.）Gagn.（图7-133）：多年生蔓生草本，茎紫绿色，具卷须。掌状复叶，5小叶排成鸟爪状，中间小叶椭圆形，两侧的小，有小叶柄。聚伞花序腋生，花小，黄绿色；浆果倒卵形，成熟时黑色。生于海拔500~1000 m的山坡、路旁。攀附于他物上或蔓生。

图7-132 鼠李植株

(a) 乌蔹莓植株　　　　　　(b) 乌蔹莓花枝

图 7-133　乌蔹莓

图 7-134　三裂叶蛇葡萄

三裂叶蛇葡萄 *Ampelopsis delavayana*（Franch.）Planch.（图 7-134）：藤本；落叶木质藤木。根粗壮，外皮褐色，具纵沟。小枝、花序梗和叶柄通常有短柔毛。叶多数为掌状 3 全裂，中间小叶片长椭圆形或倒卵形。聚伞花序与叶对生。花淡绿色；花萼边缘稍分裂；花瓣 5。浆果球形或扁球形，熟时蓝紫色。仅见于溧阳，生于山坡丛林中。

野葡萄 *A. brevipedunculata*（Maxim.）Trautv.（图 7-135）：木质藤本。枝条粗壮，嫩枝具柔毛。叶互生，阔卵形，下面淡绿色，被柔毛。聚伞花序与叶对生，被柔毛；花多数，细小，绿黄色；萼片 5，几成截形；花瓣 5。长圆形，镊合状排列。浆果近球形或肾形，由深绿色变蓝黑色。生于灌丛中或山坡上。

(a) 野葡萄植株　　　　　　(b) 野葡萄花絮

图 7-135　野葡萄

42．椴树科 Tiliaceae

峨眉椴 *Tilia omeiensis* W. P. Fang（图 7-136）：乔木，叶长圆形或卵状长圆形，先端渐尖，基部偏斜，全缘，或具少数微齿。聚伞花序，具花 9 ~ 12，苞片条形，背面密被星状毛；萼片卵状三角形，里外皆被长绒毛；果实倒卵形，具明显的瘤点且密被绒毛。生于海拔1600 m的林中。

图 7-136　峨眉椴枝叶

43. 锦葵科 Malvaceae

【识别特征】

锦葵植体多黏液，单叶互生花两性；

花瓣5离具副萼，单体蒴果萼宿存。

苘麻 *Abutilonaviecnnae* Gaerne（图7-137）：一年生草本植物。茎直立，外被细短柔嫩的茸毛。叶互生，心脏形，密生软茸毛。着生于顶端叶腋长腋长的花轴上，有花柄，花具有花萼、花瓣各5，呈钟形，花冠橙黄色。生于海拔1000 m以下的荒地或沟边。

图7-137 苘麻

木芙蓉 *Hibiscus mutabilis* Linn.（图7-138）：落叶灌木或小乔木，树皮灰白色，密被灰色星状短柔毛。单叶互生，卵圆状心形。花单生枝端叶腋，苞片线形，萼钟状5裂，花瓣5或重瓣，宽倒圆形，单体雄蕊；蒴果扁球形，果瓣5；种子5，肾形。栽培，亦有野生。

(a) 木芙蓉植株

(b) 木芙蓉花枝

图7-138 木芙蓉

冬葵 *Malva crispa* Linn（图7-139）：一年生草本。茎被柔毛。叶圆形，5～7裂或角裂，基部心形。花小，白色，小苞片3，披针形，疏被糙伏毛；萼浅杯状，连同萼裂长81～100 cm，萼5裂，三角形，疏被星状柔毛；花瓣5，较长于萼片。多为种植栽培。

(a) 冬葵植株

(b) 冬葵花

图7-139 冬葵

44. 山茶科 Theaceae

茶 *Camellia sinensis* (L.) O. Ktze.（图7-140）：常绿灌木或小乔木。叶革质，长圆形至椭圆形。花单生或2朵聚生，白色有香气；蒴果圆球形，或凸呈三圆棱形。生于年降水量在1000 mm以上、土壤松软、排水良好、富含腐殖质的酸性土壤。

岗柃 *Eurya groffii* Merr.（图7-141）：灌木或小乔木，高2~7 m，嫩枝圆柱形，密被柔毛。叶纸质或薄革质，披针形或披针状长圆形，边缘密生细锯齿。多生长于海拔300~2700 m的山坡林中、林缘或灌丛中。

图7-140　茶树植株　　　　　图7-141　岗柃花枝

45. 藤黄科（又名金丝桃科）Hypercaceae

【识别特征】

　　　　　金丝桃科木或草，单叶对生有腺点；
　　　　　花大聚伞4~5数，多体雄蕊房上萌。

金丝梅 *Hypericum patulum* Thunb.（图7-142）：灌木。单叶对生，叶片卵形或卵状披针形，散布稀疏的油点。花单生或成聚伞花序；萼片5，花瓣5，近圆形；雄蕊多数，连合成5束；花柱5，分离。蒴果卵形，有宿存萼。生于海拔1500 m以下的山坡、山谷林下或灌丛中。

(a) 金丝梅植株　　　　　(b) 金丝梅花枝

图7-142　金丝梅

元宝草 *Hypericum sampsonii* Hance（图7-143）：

多年生草本，高0.5～1 m。单叶交互对生，二叶基部完全合生一体似船形，而茎贯穿中间，叶片长椭圆形状披针形。秋季茎顶抽聚伞花序，花瓣5，卵形，黄色。蒴果卵形，具黄褐色腺体。生长于山坡、路旁。

图7-143　元宝草植株

46. 秋海棠科 Begoniacea

蕺叶秋海棠 *Begonia limprichtii* Irmsch（图7-144）：多年生小草本。根状茎细长而横走；叶片卵形或宽卵形，上面有紫色伏生刺状毛，下面紫色；叶柄肉质，有锈黄色长毛。聚伞花序从根状茎生出，花粉红色；蒴果小，圆头或钝头。生于海拔900 m以下的阴湿岩石上。

图7-144　蕺叶秋海棠植株

秋海棠 *Begonia evansiana* Andr.（图7-145）：多年生草本，有球形块茎；茎粗壮，多分枝，叶腋间生珠芽。叶片宽卵形，下面和叶柄都带紫红色；聚伞花序腋生，花大，淡红色，雄花花被片4，雌花花被片5。生于海拔1200 m以下的林下阴湿处。可栽培观赏。

（a）秋海棠植株

（b）秋海棠花枝

图7-145　秋海棠

掌叶秋海棠 *Begonia hemsleyana* Hook. f.（图7-146）：多年生草本。常带长芒，外面和边缘幼时被短毛。花粉红色，呈二歧聚伞状；苞片和小苞片膜质，披针形。生于海拔1300 m以下的悬岩旁的溪沟边和林下半阴处的腐叶土中。

图7-146　掌叶秋海棠植株

47. 瑞香科 Thymelaeaceae

【识别特征】

瑞香木草皮棉韧，叶互花顶瓣片缺；
蕊萼同数或2倍，房上倒珠坚果核。

瑞香狼毒 *Stellera chamaejasma* L.（图7-147）：植株呈纺锤形、圆锥形或长圆柱形，稍弯曲，单一或有分枝，长短不等，根头部有地上茎残迹，表面棕色至棕褐色，有扭曲的纵沟及横生隆起的皮孔和侧根痕；皮部类白色，木部淡黄色。广泛分布于东北、华北、西北、西南各省的高山、亚高山草地及灌丛中。

图7-147　瑞香狼毒植株

48. 珙桐科 Davidiaceae

【识别特征】

珙桐木本叶单互，单性两性花5数；
雄蕊10枚常2轮，子房下位核果瘦。

珙桐 *Davidia involucrata* Bail（图7-148）：落叶乔木。叶互生，无托叶；花杂性，排成顶生的圆头花序，花序下有白色的叶状苞片2~3；头状花序由一朵两性花和许多雄花组成或全由雄花组成；雄花无花被；两性花秃裸，子房下位；核果。生于海拔1500~2500 m的阴湿混交林中。

(a) 珙桐植株　　　　　　　(b) 珙桐花枝

图7-148　珙桐

喜树 *Camptotheca acuminate* Decne.（图7-149）：落叶乔木。叶纸质；头状花序近球形，顶生雌花，腋生雄花；苞片三角状卵形；花萼杯状，5浅裂；花瓣5，淡绿色，早落；雄蕊10，花药4室；翅果顶端具宿存花盘，两侧具窄翅。生于海拔1000 m以下的林边或溪边。

(a) 喜树植株　　　　　　　(b) 喜树花枝

图7-149　喜树

49. 八角枫科 Alengiaceae

八角枫 *Alangium chinense* Harms（图7-150）：
落叶乔木或灌木。小枝呈"之"字形曲折。单叶互生，卵圆形，基部偏斜。花为黄白色，花瓣狭带形，有芳香，花丝基部及花柱疏生粗短毛。核果卵圆形，黑色。分布于长江流域各省。

稀花八角枫 *Alangium chinense* Harms *subsp*. Pauciflorum Fang（图7-151）：
本种为细瘦的灌木或小乔木；叶较小，卵形，常不分裂稀3（~5）微裂，长6~9厘米，宽4~6厘米；花较稀少，每花序仅3~6朵花。产于四川、陕西、湖北、贵州及云南等地。

图7-150　八角枫植株

图7-151　稀花八角枫枝

50. 使君子科 Combretaceae

使君子 *Quisqualis indica* L.（图7-152）：攀缘状灌木。单叶对生，叶长椭圆状披针形；穗状花序顶生，每花具披针形或线形早落的苞片，萼筒细管状，初为白色，后转为紫红色；花丝外露；果实橄榄状，黑紫褐色或深棕色。生于平坝灌木丛或路旁，也有栽培。

图7-152　使君子花枝

51. 野牡丹科 Melastomataceae

【识别特征】

野牡丹科主草灌，单叶对生花聚伞；
花艳两性四五数，雄蕊构造很关键。

伏毛肥肉草 *Fordiophyton faberi* Stapf（图7-153）：草本或亚灌木。叶对生，卵形至椭圆状披针形，具柄。聚伞花序缩短成头状，顶生或上部叶腋生；花两性，紫色；花瓣4；雄蕊8，不等大；子房下位。蒴果倒圆锥形。生于海拔600~1100 m的林下、沟边或路旁灌木丛中。

(a) 伏毛肥肉草植株　　　　　(b) 伏毛肥肉草花

图 7-153　伏毛肥肉草

楮头红 *Sarcopyramis nepalensis* Wall.（图 7-154）：直立草本；茎四棱。叶对生，卵形至披针形。花两性，通常成簇顶生或兼有腋生，紫红色；花瓣 4；雄蕊 8，等大；药隔延长，基部有很小的距；子房下位。蒴果略有四棱。生于海拔 1400 m 以下的林下或溪边。全草均可入药。

野海棠 *Bredia fordii* (Hance) Diels（图 7-155）：半灌木或草本。叶对生，椭圆形或狭卵形。聚伞花序顶生，有时排成圆锥花序状；花两性，紫色；萼筒杯状，裂片 4，条形；花瓣 4；雄蕊 8，等大，花药顶端单孔开裂，药隔基部有 3 个小瘤体；子房下位。生于海拔 1400 m 以下的林下或溪边。

图 7-154　猪头红植株　　　　图 7-155　野海棠花枝

52. 柳叶菜科 Onagraceae

【识别特征】

柳叶菜科近水生，萼片 2~6 连子房；蕊瓣同数或成倍，房下多蒴稀坚浆。

柳兰 *Chamaenerion angustifolium* (L.) Scop.（图 7-156）：多年生草本。茎通常不分枝。叶片披针形，上面绿色，下面灰白，两面被柔毛。夏季开红紫色花，花序轴紫红色，被短柔毛；蒴果窄细圆柱形，紫红色，被密毛；种子多数，顶端具白色种缨。生于海拔 1500~3000 m 的河岸或山谷沼泽地。

喜马拉雅柳叶菜 *Epilobium himalayense* Hausskn（图 7-157）：多年生草本，茎圆柱形，有 2 条纵沟槽，槽中生柔毛。单叶对生，叶片披针形或窄披针形。夏季开花，花萼深 4 裂，裂片披针形；花瓣 4，倒卵形，蒴果细长，种

图 7-156　柳兰植株

子顶端具一束白色丝状毛。生于海拔2500 m以下的山坡向阳或半阴处。

（a）喜马拉雅柳叶菜植株　　　　（b）喜马拉雅柳叶菜的花

图7-157　喜马拉雅柳叶菜

月见草 *Oenothera erythrosepala* **Borb.**（图7-158）：多年生草本。下部叶线状倒披针形，茎生叶披针形，无柄。单花腋生于枝之中上部，花黄色，傍晚至夜间开放，有清香。果上部常增粗。生于海拔1100 m的向阳山坡、荒草地、沙质地及路旁河岸沙砾地等处。

（a）月见草植株　　　　　　（b）月见草的花

图7-158　月见草

53．五加科 Araliaceae

【识别特征】

五加复叶成掌状，花为5数多伞形；

花盘顶生下位房，心皮4~5果核浆。

楤木 *Aralia chinensis* **L.**（图7-159）：又名雀不站。落叶灌木或小乔木。茎枝有不规则散生的角状刺，小枝密生褐色茸毛和针刺。2~3回单数羽状复叶，顶生疏大圆锥花序，萼边缘有5齿；花瓣5；雄蕊5；子房下位，5室；浆果状核果，熟时紫黑色。生于海拔1400 m以下的山坡林缘或溪边。

蜀五加 *Acanthopanax setchuenensis* **Harms ex Diels**（图7-160）：灌木。小枝疏生皮刺。掌状复叶，小叶5，革质，长椭圆形。伞形花序单个顶生，或数个簇生枝顶或组成短圆锥状花序，有花多数；花白色，花瓣5；子房5室；果实球形，黑色。生于海拔1000~3200 m的灌丛中。

图 7-159　楤木植株　　　　图 7-160　蜀五加植株

异叶梁王茶 *Nothopanax davidii*（Franch.）Harms ex Diels（图 7-161）：小乔木。单叶或掌状 2~3 浅裂或深裂，稀全裂；伞形花序有花 10~20 朵；花白色或淡黄色；花瓣 5；果实球形，略扁，黑色；花柱宿存。生于海拔 800~1800 m 疏林中或林缘。

（a）异叶梁王茶植株　　　　（b）异叶梁王茶花枝

图 7-161　异叶梁王茶

图 7-162　羽叶三七植株

羽叶三七 *Panax pseudo-ginseng* Wall. var. *bipinnatifidus*（Seem）L（图 7-162）：多年生直立草本。掌状复叶，3~6 叶轮生茎顶。小叶深裂或浅裂。一般为顶生单一伞形花序，花 5 数；子房下位，2 室，花柱 2。小浆果核果状，扁球形，熟时红色，先端有黑点。生于海拔 1300~2500 m 的林下。

54. 伞形科 Umbelliferae

【识别特征】

中药宝库伞形科，全草芳香柄成鞘；

复伞花序花小形，房下双悬具油槽。

羌活 *Notopterygium incisum* Ting ex H. T. Chan（图 7-163）：多年生草本。叶片为 2~3 回奇数羽状复叶，边缘缺刻状浅裂至羽状深裂。复伞形花序顶生或腋生；小伞形花序有花 20~30 朵，花白色。双悬果长圆形，主棱均扩展成翅。生于海拔 2000~4200 m 的林缘、灌丛下或沟谷草丛中。

窃衣 *Torilis scabra*（Thunb.）DC.（图 7-164）：多年生草本。叶卵形，二回羽状分裂，小叶狭披针

图 7-163　羌活植株

形至卵形；复伞形花序；无总苞片或有 1~2，条形；伞幅 2~4，近等长；小总苞片数个，钻形；双悬果 3~6，具皮刺。生于海拔 500~1500 m 的山坡荒地。

（a）窃衣植株　　　（b）窃衣植株换枝

图 7-164　窃衣

中华天胡荽 *Hydrocotyle javanica* var. *chinensis* Dunn ex Shan et Liou （图 7-165）：多年生草本。单叶互生，圆肾形，掌状 5~7 浅裂，裂片宽卵形或近三角形，边缘有不规则锯齿；单伞形花序腋生或和叶对生；总苞片膜质，卵状披针形；花白色。双悬果近圆形。生于海拔1200 m 以下的河沟边或林下阴湿处。

（a）中华天胡荽植株　　　　　（b）中华天胡荽花枝

图 7-165　中华天胡荽

白芷 *Angelica anomala* Lallem. （图 7-166）：多年生草本，茎中空，有分枝，近花序处有柔毛。2~3 回 3 出式羽状全裂；茎生叶简化成叶鞘。复伞形花序；花梗多数；花白色。双悬果矩圆卵形或圆形，无毛，背棱有狭翅。生于海拔1800 m 以下的林下阴湿处。

芫荽 *Coriandrum sativum* L. （图 7-167）：一年生草本，有强烈香气。根细长，圆锥形。基生叶 1~2 回羽状全裂；茎生叶互生，2~3 回羽状细裂。复伞形花序顶生；无总苞；花小，萼齿 5，不相等；花瓣 5，白色或淡红色，倒卵形。双悬果近球形。栽培作蔬菜或香料。

图 7-166　白芷植株

(a) 芫荽植株　　　　(b) 芫荽的花

图 7-167　芫荽

55. 山茱萸科 Cornaceae

倒披针叶珊瑚 *Aucuba himalaica* var. *oblanceolata* Fang et Soong（图 7-168）：灌木或小乔木。叶较厚，常为倒披针形，先端近于圆形，基部楔形，背面被短柔毛及硬毛；常生于海拔 700 m 左右的林中。

图 7-168　倒披针叶珊瑚

灯台树 *Cornus controversa* Hemsl. ex Prain（图 7-169）：落叶乔木。叶互生，纸质，阔卵形或宽椭圆状卵形；伞房状聚伞花序顶生，花小，白色，花萼裂片 4，花瓣 4；雄蕊 4，花药椭圆形；核果球形，紫红色至蓝黑色。生于海拔 500～2500 m 的杂木林中或长绿阔叶林中。

(a) 灯台树植株　　　　(b) 灯台树花枝

图 7-169　灯台树

长圆叶梾木 *Cornus oblonga* Wall.（图 7-170）：常绿灌木或小乔木。叶互生，革质，长圆形或长圆椭圆形。伞房状聚伞花序顶生；花小，白色，萼齿小，三角状卵形；花瓣 4，雄蕊 4；核果椭圆形或近于球形，黑色；生于海拔 1200～3000 m 的林缘或森林中。

青荚叶 *Helwingia japonica*（Thunb.）

图 7-170　长圆叶梾木花枝

Dietr.（图 7-171）：又名叶上花。落叶灌木，高达 3 m。叶纸质，卵形或卵圆形，边缘具刺状细锯齿。雌雄异株，花小，黄绿色，生于叶面中央的主脉上。核果球形，黑色，故又名"叶上珠"。生于海拔 800~1400 m 的林下或沟边。

（a）青荚叶花枝　　　　　（b）青荚叶果枝

图 7-171　青荚叶

二、合瓣花亚纲

56. 紫金牛科 Myrsinaceae

【识别特征】

紫金牛科系木本，单叶互生具腺点；
合瓣 4~5 常伞状，蕊瓣同数胎座特。

铁仔 *Myrsine africana* L.（图 7-172）：小灌本。叶互生，革质或坚纸质，常为椭圆倒卵形或椭圆形，边缘中部以上具锯齿。花簇生或近伞形花序腋生；花 4 基数；花冠粉红色或淡黄色，密布红色腺点。果球形。生于海拔 600~2500 m 的山坡、岩坎、路旁灌丛中。

图 7-172　铁仔植株

57. 报春花科 Primulaceae

【识别特征】

报春花被均 5 数，蕊瓣对生且相连；
花萼宿存柱单一，中央胎座成蒴果。

聚花过路黄 *Lysimachia congestiflora* Hemsl.（图 7-173）：多年生草本。叶对生，心形或宽卵形。花成对腋生；花萼 5 深裂，裂片倒披针形，绿色；花冠黄色，5 裂，裂片椭圆形，先端尖；子房上位，卵圆形；蒴果球形。生于海拔 600~1800 m 的山坡或路旁灌丛中。

(a) 聚花过路黄植株　　　　　　　(b) 聚花过路黄花枝

图 7-173　聚花过路黄

58. 蓝雪科 Plumbaginaceae

【识别特征】

草本灌木蓝雪科，单叶旋叠对或互；
穗状花序高脚碟，雄 5 房上结蒴果。

蓝雪花 *Ceratostigma plumbaginoides* **Bunge**（图 7-174）：多年生草本。单叶互生，全缘，先端钝而有小凸点。穗状花序顶生和腋生，苞片比萼片短。花冠淡蓝色，高脚碟状，管狭而长，顶端 5 裂。蒴果膜质。生于海拔1200 m的山坡或林缘。

(a) 蓝雪花植株　　　　　　　(b) 蓝雪花花序

图 7-174　蓝雪花

59. 柿树科 Ebenaceae

【识别特征】

柿树科为乔灌木，雌雄异株单叶互；
宿存花萼要增大，上位子房结浆果。

柿树 *Diospyros kaki* **Thunb**（图 7-175）：落叶大乔木。叶卵状椭圆形至倒卵形。花雌雄异株，雄花序小，弯垂，雄花小；雌花单生叶腋，长约2 cm，花萼绿色；果呈有球形，扁球形，果肉较脆硬，老熟时果肉变得柔软多汁，呈橙红色或大红色。栽培植物。

（a）柿树植株　　　　　　　　（b）柿树果枝

图 7-175　柿树

60. 山矾科 Symplocaceae

【识别特征】

山矾科为灌乔木，互生单叶花两性；
穗状伞形圆锥序，雄蕊多数结核果。

光叶山矾 Symplocos lancifolia Sieb. et Zucc.（图 7-176）：灌木或小乔木。叶纸质或近革质，阔披针形、狭卵形或椭圆形；穗状花序腋生；花萼裂片 5；花冠淡黄色，深裂至近基部；雄蕊约 25，花丝丝状，基部连生成不显著的五体雄蕊。生于海拔 1200 m 以下的林中。

图 7-176　光叶山矾果枝

61. 安息香科 Styracaceae

【识别特征】

安息香科皆为木，互生单叶花冠辐；
雄蕊 5 枚或加倍，房多上位结核果。

木瓜红 Rehderodendron Macrocarpum Hu.（图 7-177）：落叶乔木；树皮褐色。叶长矩圆形。花白色，有芳香，成总状或圆锥花序；萼筒具小齿，花冠裂片 5；子房下位。核果矩圆形，具 8~10 条纵肋。生于海拔 1200~2100 m 的阔叶林中。

（a）木瓜红花枝　　　　　　　　（b）木瓜红果枝

图 7-177　木瓜红

62. 木犀科 Oleaceae

【识别特征】

木犀木本叶对生,花序聚伞成圆锥;
花被4裂雄蕊2,2室2珠房上位。

小叶女贞 *Ligustrum quihoui* Carr.（图7-178）：灌木,小枝与花序密生细短柔毛。单叶对生,革质,椭圆形。秋季开白色花,圆锥状花丛顶生；花无梗,花冠裂片4。核果近球形,蓝黑色。生于海拔1200 m以下的山坡疏林中。

(a) 小叶女贞的花　　　　　(b) 小叶女贞的花枝

图7-178　小叶女贞

迎春花 *Jasminum nudiflorum*（图7-179）：落叶灌木,枝条细长,呈拱形下垂生长。三出复叶对生,小叶卵状椭圆形,表面光滑,全缘。花单生于叶腋间,花冠高脚杯状,鲜黄色,顶端6裂,或成复瓣。南方栽培及观赏。

63. 马钱科 Loganiaceae.

【识别特征】

马钱科有草灌乔,最为常见醉鱼草；
轮伞花序集穗状,花冠筒长果蒴浆。

图7-179　迎春花的花

醉鱼草 *Buddleja lindleyana* Fort.（图7-180）：落叶灌木,小枝四棱形,有窄翅。单叶对生。叶两面密被黄色绒毛。穗状花序顶生。花冠细长管状,紫色,先端4裂；雌蕊花柱线形,柱头2裂,子房上位。蒴果长圆形。生于海拔1800 m以下的山坡林缘或河岸边土坎上。

(a) 醉鱼草花枝　　　　　(b) 醉鱼草花序

图7-180　醉鱼草

密蒙花 *Buddleja lindleyana* Fort.（图 7-181）：落叶灌木。叶对生，上面被细星状毛，下面密被灰白色或黄色星状茸毛。聚伞圆锥花序顶生及腋生。花芳香，花萼钟状，先端 4 裂；花冠淡紫色。蒴果卵形。生于海拔 500～1500 m 以下的山坡林缘或沟边。花入药，清热养肝，明目退翳。

（a）密蒙花植株　　　　　　　　（b）密蒙花果枝

图 7-181　密蒙花

64．龙胆科 Gentianaceae

【识别特征】

龙胆一般为草本，单叶对生基连合；

瓣合裂片回旋列，房上侧座系蒴果。

粗茎秦艽 *Gentiana crassicaulis* Duthie ex Burk.（图 7-182）：多年生草本，茎生叶卵状椭圆形至卵状披针形，叶柄宽。花多数，无花梗，一侧开裂呈佛焰苞状，雄蕊生于冠筒中部；蒴果内藏，无柄，椭圆形。生于海拔 2100～5000 m 的山坡草地、高山草甸、林下及林缘。

峨眉双蝴蝶 *Tripterospermum cordatum*（Marq.）H. Smith（图 7-183）：多年生缠绕草本。茎圆形，通常黄绿色，叶心形或卵状披针形，花单生或成对着生于叶腋，聚伞花序；具 1～4 对披针形小苞片。花冠紫色，钟形，雄蕊着生于冠筒下部。浆果紫红色。生于海拔 600～4000 米的山坡林下或河谷。

图 7-182　粗茎秦艽植株　　　图 7-183　峨眉双蝴蝶花

麻花秦艽 *Gentiana straminea* Maxim.（图 7-184）：多年生草本。聚伞花序顶

生及腋生，排列成疏松的花序；花萼筒膜质，黄绿色，一侧开裂呈佛焰苞状，花冠黄绿色，喉部具多数绿色斑点，漏斗形。生于海拔 2000～4800 m 的高山草甸、灌丛、林下及河滩等地。

卵叶扁蕾 *Gentianopsis paludosa*（Hook. f.）Ma var. ovato-deltoidea（Burk.）Ma ex T. N. Ho（图 7-185）：茎生叶卵状披针形或三角状披针形；茎上部有分枝；花梗直立。生于海拔 1190～4310 m 的山坡草地、潮湿地、林下。

图 7-184　麻花秦艽植株　　　　图 7-185　卵叶扁蕾植株

花锚 *Halenia corniculata*（L.）Cornaz.［*Swertia corniculata* L.；*H. sibirica* Borkn.］（图 7-186）：一年生草本。茎直立，自基部分枝。叶对生，椭圆状披针形。聚伞花序腋生或顶生；花冠钟状，淡黄色，裂片基部有窝孔，延伸成一长距，形似船锚；着生于花冠的近基部。蒴果卵形或长圆形。在园林中常用作草地、绿地。

（a）花锚植株　　　　　　（b）花锚的花

图 7-186　花锚

65．夹竹桃科 Apocynaceae

【识别特征】

夹竹桃科木具乳，叶对聚伞花 5 数；
高脚回旋药箭形，种子具毛果蓇葖。

萝芙木 *Rauvolfia verticillata* (Lour.) Baill. (图7-187): 小灌木。叶纸质, 轮生, 椭圆状披针形。聚伞花序腋生, 具苞片, 花小, 白色, 花冠高脚碟状, 花冠管中部膨大, 雄蕊着生在膨大处。核果椭圆形。生于海拔 500~1200 m 的林下。现有栽培。

图 7-187 萝芙木花枝

66. 萝藦科 Asclepiadaceae.

【识别特征】

主草叶轮萝摩科, 乳汁聚伞似夹竹;
蕊柱副冠花粉块, 瓣折种缨为特殊。

隔山消 *Cynanchum wilfordii* (Maxim.) Hemsl. (图7-188): 多年生缠绕草本。单叶对生, 卵圆形, 叶两面被柔毛。近伞房状聚伞花序腋生, 具小花梗, 外面被柔毛; 花冠淡黄色, 蓇葖果窄长披针形。生于海拔1500 m以下的山间石质坡地或灌木丛中。

马利筋 *Asclepias curassavica* L. (图7-189): 多年生草本。单叶对生, 叶片披针形或矩圆状披针形。伞形花序腋生或顶生; 萼5深裂, 花冠轮状, 5深裂, 裂片矩圆形, 红色, 外反, 副花冠黄色。蓇葖披针形。生于海拔1400 m以下的旷野或河谷湿地。

图 7-188 隔山消的花枝

图 7-189 马利筋的花枝

67. 旋花科 Convolvulaceae

【识别特征】

旋花蔓草乳叶互, 花单聚伞苞片存;
瓣5漏斗或钟状, 芽中回旋为特征。

篱打碗花 (小旋花) *Calystegia sepium* (L.) R. Brown (图7-190): 又名小旋花。多年生草本。茎缠绕或匍匐。单叶互生; 叶片长三角状卵形。花单生于叶腋；花冠漏斗状，淡红色，具不明显 5 裂片；雄蕊 5 个。生于海拔1400 m以下的山坡或路旁土坎上。根入药清热利湿，理气健脾。

圆叶牵牛 *Pharbitis purpurea*（L.）Voigt（图 7-191）：一年生缠绕草本。叶圆心形或宽卵状心形。花腋生，单一或 2~5 朵着生于花序梗顶端成伞形聚伞花序；苞片线形，被开展的长硬毛；花冠漏斗状，紫红色、红色或白色。蒴果近球形，直径为 9~10 mm，3 瓣裂。种子卵状三棱形。

图 7-190　篱打碗花植株　　　　　图 7-191　圆叶牵牛

68．紫草科 Boraginaceae.

【识别特征】

紫草叶互被糙毛，单歧聚伞瓣多兰；
花冠管状喉附物，子房上位核果坚。

琉璃草 *Cynoglossum zeylanicum*（Vahl）Thunb. ex Lehm.（图 7-192）：一年生草本。主根粗壮，黑褐色。叶片质薄，下部窄长椭圆形，中下部叶基渐细窄。花序分枝成钝角叉状分开，在上部枝端成二歧状。花冠淡蓝色，有时白色。小坚果 4，卵形。生于海拔2200 m以下的山坡或河滩沙地。

（a）琉璃草植株　　　　　（b）琉璃草幼果

图 7-192　琉璃草

69．马鞭草科 Verbenaceae.

【识别特征】

马鞭草科木或草，枝方叶对花唇形；
子房 4 室柱顶出，核果蒴状 2~4 分。

臭牡丹 *Clerodendron bungei* Steud. （图7-193）：落叶小灌木。叶对生，广卵形，触之有臭气。头状聚伞花序；花萼小，管状；花冠玫瑰色，管细长，裂片5，稍不等大；雄蕊4，与花冠管近等长，核果近球形，黑紫色，具宿存花萼。生于海拔1000 m以下的路旁、沟谷或林缘。

图7-193　臭牡丹花序

海州常山 *Clerodendrum trichotomum* Thunb. （图7-194）：又名臭梧桐，落叶灌木或小乔木。叶对生，叶片广卵形或卵状心形，具臭气。伞房状聚伞花序顶生或腋生；苞片叶状，卵形；花萼红色，稍膨大，浆果状核果。花、果枝亦均有臭气。生于海拔1300 m以下的山坡、沟谷及溪边丛林中。

（a）海州常山植株　　　　（b）海州常山幼果

图7-194　海州常山

黄荆 *Vitex negundo* L. （图7-195）：灌木或小乔木。枝四方形。掌状复叶对生；小叶5，间有3，卵状披针形。圆锥花序顶生；萼钟形，5齿瓣；花冠淡紫色或淡蓝色，先端5裂，2唇形，外面有绒毛；核果近球形。生于海拔1200 m以下的山坡路旁或灌木丛中。

（a）黄荆植株　　　　（b）黄荆的花枝

图7-195　黄荆

图7-196　马鞭草植株

马鞭草 *Verbena officinalis* L. （图7-196）：多年生草本，茎方形。叶对生，卵圆形或长圆状披针形，基生叶有粗锯齿，茎生叶多3裂。穗状花序细长，顶生或腋生，花萼及花冠管状，淡紫色至蓝色；子房上位；蒴果长圆形。生于海拔1100 m以下的田野、山坡或小溪旁。

70. 唇形科 Lamiaceae

【识别特征】

草本芳香唇形科，茎方叶对花唇形；
轮伞二强房四裂，柱基坚果成四分。

川藿香 *Agastache rugosa* (Fisch. et Mey.) O. Ktze.（图7-197）：多年生直立草本，有特殊香气。茎四棱形。叶对生，心状卵形，上面散生透明腺点；轮伞花序多花，聚成顶生的总状花序；花萼5裂，具腺点；花冠唇形，紫色或白色；雄蕊2强。生于海拔500~1600 m的山坡或路旁。

图7-197 川藿香花序

丹参 *Salvia miltiorrhiza* Bge.（图7-198）：多年生草本，全株密被柔毛。根圆柱形，砖红色。茎直立，奇数羽状复叶。总状花序，密被腺毛；花萼钟状；花冠蓝紫色，二唇形，上唇直立，下唇较上唇短；雄蕊2；子房上位。生于山坡草地或疏林。四川有栽培，根入药。

（a）丹参植株

（b）丹参花枝

图7-198 丹参

风轮菜 *Clinopodium chinense* (Benth.) O. Kuntze（图7-199）：多年生草本。叶片卵形。开淡紫色花，较小，成轮伞花序；花萼筒状，常红色，二唇形，下唇稍长；花冠上唇半圆形，下唇有3裂片；雄蕊2；花柱伸出花冠筒外。生于海拔2200 m以下的山坡草地或沟边。

（a）风轮菜花序

（b）风轮菜植株

图7-199 风轮菜

甘西鼠尾 *Salvia przewalskii* Maxim var. przewalskii（图7-200）：多年生草本；根木质，圆柱锥状，外皮红褐色。叶片椭圆状戟形，草质；轮伞花序，组成顶生总状花序。花冠紫红色；冠筒在毛环下方呈狭筒形，自毛环向上逐渐膨大，直伸花萼外。生于海拔2000～4000 m的路旁、沟边或林下。

缙云黄芩 *Scutellaria tsinyunensis* C. Y. Wu et S. Chow（图7-201）：多年生草本。叶自茎基部向上增大，卵圆形，茎中部以上者卵圆状披针形，最上部者最大；叶柄极短。花对生。花萼被短柔毛。花冠白色，但檐部淡红；雄蕊4，2强；花柱细长。子房光滑，4裂。生于海拔600～1000 m的林下。

图7-200　甘西鼠尾植株　　　　图7-201　缙云黄芩植株

金疮小草 *Ajuga decumbens* Thunb.（图7-202）：草本，具匍匐茎，全株被白色长柔毛。叶对生，倒卵状披针形，叶柄具狭翅。轮伞花序，排成间断的假穗状花序。苞片叶状，花萼钟形；花冠唇形，淡蓝色；雄蕊4，2强。生于海拔1000 m左右的湿润草坡。

蜜蜂花 *Melissa axillaris*（Benth）Bakh. f.（图7-203）：多年生草本。地上茎近四棱形。叶片卵形。轮伞花序在茎、枝叶腋内腋生；苞片小，近线形，具缘毛；花萼钟形，二唇形。花冠白色或淡红色，二唇形。生于海拔500～1000 m的林下或湿润草坡。

图7-202　金疮小草花枝　　　　图7-203　蜜蜂花植株

微毛血见愁 *Teucrium viscidum* var. nepetoides C. Y. Wu et S. Chow.（图7-204）：多年生草本。叶片心形。假穗状花序生于茎上部；花梗被腺长柔毛。花萼钟形，萼齿5。花冠白色、淡红色。子房圆球形，顶端被泡状毛。花萼密被灰白色微柔毛。

生于海拔 500～1000 m 的林下或湿润草坡。

直萼黄芩 Scutellaria baicalensis Georgi.（图7-205）：多年生草本；叶片草质，卵状披针形至卵形。花序总状顶生；花梗与序轴均被具腺短柔毛。花冠紫至蓝紫色，冠筒基部膝曲，向喉部增大；雄蕊4。生于荒坡草地或水沟边。

图7-204　微毛血见愁

图7-205　直萼黄芩花序

硬毛夏枯草 Prunella hispida Benth.（图7-206）：多年生草本。茎四棱形。叶片卵形至卵状披针形。轮伞花序，通常6花，成顶生穗状花序；花梗极短，具硬毛。花萼紫色，管状钟形。花冠深紫至蓝紫色。生长于1500～3800 m 的路旁、林缘及山坡草地上。

（a）硬毛夏枯草植株

（b）硬毛夏枯草花序

图7-206　硬毛夏枯草

血见愁 Teucrium viscidum Bl.（图7-207）：一年生草本。单叶对生，叶片卵形或矩圆形。腋生及顶生的疏散分枝总状花序；萼钟状，宿存；花冠淡红色；雄蕊4；雌蕊1，柱头2裂。生于海拔1200 m 以下的山地林下阴湿处。

一串红 Salvia splendens Ker-Gawl.（图7-208）：半灌木草本，茎钝四棱形。叶片三角状卵圆形。轮伞花序，组成顶生总状花序；苞片卵圆形，红色。花萼钟形，红色，花后增大。花冠由大红至紫，甚至有白色；冠筒筒状，直伸，二唇形。各地栽培观赏。

第七章 被子植物及其识别特征　117

图7-207　血见愁花枝

图7-208　一串红花枝

益母草 *Leonurus heterophyllus* Sweet.（图7-209）：一年生或多年生直立草本，茎方形。基生叶近圆形，5～9裂；中部以上的叶掌状3裂；轮伞花序；花冠唇形，紫红色或淡红色；雄蕊4，2强；子房上位4裂，柱头2裂；坚果棕色；生于海拔1200 m以下的荒地、田埂或草地。

71. 茄科 Solanceae

【识别特征】

图7-209　益母草花序

茄科主草双韧束，单叶互生花五数；花冠钟斗药孔裂，房上浆蒴花萼缩。

颠茄 *Atropa belladonna* L.（图7-210）：多年生草本，高1～1.5 m。根茎粗壮，茎直立，上部分枝。叶在茎下部互生，上部一大一小成双生，草质，卵形、长椭圆状卵形或椭圆形。花单生于叶腋；花萼钟状，花冠筒状钟形，淡紫褐色。浆果球状。种子肾形。喜温暖、湿润气候。

(a) 颠茄植株

(b) 颠茄果实

图7-210　颠茄

龙葵 *Solanum nigrum* L.（图7-211）：一年生草本，根圆锥形，淡黄色；茎直立；叶互生，叶卵形或近菱形，基部下延至柄，全缘或有波状齿，无毛或有疏毛；伞形聚伞花序腋生；花冠白色，钟形，5裂；浆果球形，熟时紫黑色，基部有宿萼；花期6～7月。生于田边、荒地。

白英 *Solanum lyratum* Thunb.（图7-212）：草质藤本。叶互生，多数为琴形。

聚伞花序顶生或腋外生。萼齿5，圆形，顶端具短尖头；花冠蓝紫色或白色，花冠筒隐于萼内，长约1 mm。浆果球状，成熟时红黑色。花期夏秋，果熟期秋末。野生于路边、山野或灌木丛中。

图7-211　龙葵植株　　　　　　　图7-212　白英植株

图7-213　单花红丝线植株

单花红丝线 *Lycianthes lysimachioides* (Wall.) Bitter（图7-213）：多年生草本，茎纤细，常匍匐，节上生不定根，茎上具白色有节的柔毛，叶呈假双生，卵形或卵状披针形，花单生叶腋，花萼杯状钟形，萼齿10，有柔毛；花冠星形，白至淡黄色，5深裂，裂片披针形，花药椭圆形；浆果球形，成熟后呈朱红色。生于山地林下或路旁。

番茄 *Lycopersicon esculentum* Mill. Gard（图7-214）：一年生草本，全株密被黏质腺毛；茎直立。叶为羽状全裂的单叶，边缘具不规则齿裂；聚伞花序腋外生，黄色，花萼辐状，裂片5~7，线状披针形；花冠辐状，5~7深裂，花药较长并贴合成一圆锥状，花柱为聚合花药包围，柱头头状。浆果球形或扁球形，成熟时呈红、粉红或黄色。田园栽培。

(a) 番茄植株　　　　　　　　(b) 番茄花枝

图7-214

辣椒 *Capsicum annuum* L.（图7-215）：一年生栽培作物，高0.5~1 m，茎近无毛或微被柔毛，分枝稍呈之字形折曲。叶互生，卵形至卵状披针形；花单生于枝腋，俯垂；花萼杯状，5~7齿，有疏柔毛，花冠白色，辐状，花药灰紫色，浆果，通常为长指状，成熟时变红色、橙色或紫红色，含辛辣味。田园栽培。

图7-215　辣椒植株

玉珊瑚 *Solanum pseudocapsicum* L（图7-216）：又叫"樱桃椒"。常绿灌木，因果实酷似樱桃而得名。珊瑚的植株多直立生长，具有很多分枝。幼体深绿色；老枝灰褐色。叶矩形，边缘长有疏松的锯齿。花色白色，果实为球形的浆果，成熟时由绿色变为橙红色。生于海拔600～2800 m的路旁、丛林中或水沟边。

（a）玉珊瑚植株　　　　　　（b）玉珊瑚花枝

图7-216　玉珊瑚

曼陀罗 *Datura stramonium* L.（图7-217）：一年生草本，植株近无毛或在幼嫩部分被短柔毛。叶阔卵形，有时也有波状牙齿。花单生于枝叉间或叶腋，直立。蒴果直立着生，卵形，外被坚硬针刺或平滑无刺，成熟后淡黄色。常生于荒坡、路旁、宅边附近。

（a）曼陀罗植株　　　　　　（b）曼陀罗果实

图7-217　曼陀罗

72. 玄参科 Scrophulariaceae

【识别特征】

玄参草木花近唇，总状聚伞亦可分；

花柱顶生房不裂，蒴果种多中轴生。

旱田草 *Lindernia ruellioides*（Colsm.）Pennell（图7-218）：一年生草本。茎四方形，主茎基部具匍匐茎，节上生根。叶对生，有短柄；叶片矩圆形。总状花序顶生；苞片钻形；花冠紫红色，上唇直立，下唇开展，3裂。蒴果披针状；种子椭圆形。生于草地、平原、山谷及林下。全草入药能理气活血，消肿止痛。

窄叶母草 *Lindernia angustifolia*（Benth.）Wettst.（图7-219）：一年生光滑蔓

延草本。茎下分枝，枝基部匍匐。叶对生，无柄，条状披针形至卵状椭圆形。秋季开淡紫红色花，单生于枝端叶腋；花萼5深裂；花冠二唇形，雄蕊4；柱头2裂。生于山坡潮湿地带草丛中或田畔湿地。全草入药能清热解毒，化瘀消肿。

婆婆纳 Veronica didyma Tenore（图7-220）：一年生或二年生草本。叶对生，有短柄；叶片卵圆形或三角状圆形，边缘有疏大圆齿。春季开花，总状花序顶生；花萼4深裂，裂片卵形；花冠蓝紫色，辐状；雄蕊2；蒴果近肾形。生于路旁、墙角、村落及庭园中。全草入药能凉血止血，理气止痛。

图7-218 旱田草植株　　图7-219 窄叶母草植株　　图7-220 婆婆纳植株

通泉草 Mazus japonicus（Thunb.）O. Kuntze（图7-221）：一年生草本。茎高5~30 cm，通常自基部多分枝。叶对生或互生，倒卵形至匙形，边缘具不规则粗齿。总状花序顶生；花冠紫色或蓝色，上唇短直，2裂，下唇3裂。蒴果球形。生于海拔2500 m以下的湿润荒地、路边。全草入药能止痛，健胃，解毒。

泡桐 Paulownia fortunei（Seem.）Hemsl.（图7-222）：落叶乔木。叶对生，具柄；叶片宽卵形或长圆状卵形。春季开花，圆锥状花序顶生，5深裂；花冠漏斗状钟形，白色或淡紫色，5裂片不等大；雄蕊4，2强；蒴果倒卵形。生于低海拔的山坡、林中、山谷及荒地，越向西南则分布越高，可达海拔2000 m。根入药可祛风，解毒，消肿，止痛；果入药可化痰止咳。

图7-221 通泉草植株　　图7-222 泡桐植株的花

紫花洋地黄 Digitalis purpurea Linn.（图7-223）：一年生或多年生草本。茎单生或数条丛生。叶片卵形或长椭圆形，边缘具圆齿或锯齿；下部茎生叶与基生叶同形。萼钟状，5裂几达基部；裂片矩圆状卵形；花冠紫红色，内面具斑点，裂片短。蒴果卵形。种子短棒状。叶入药有强心之效。

马鞭草叶马先蒿 *Pedicularis verbenaefolia* **Franch. ex Maxim.** （图7-224）：多年生草本植物。叶子轮生，羽状浅裂，纸质。花呈红色或粉红色，下部为穗状花序，顶部呈头状。生于海拔2500 m左右的高山草丛。

图7-223 紫花洋地黄花枝

图7-224 马鞭草叶马先蒿

扭盔马先蒿 *Pedicularis davidii* **Franch.** （图7-225）：多年生草本。茎常3～4条由根颈发出。叶片卵状矩圆形至披针状矩圆形，羽状全裂，裂片羽状浅裂或半裂，边缘有重锯齿。总状花序；花冠全部为紫色或红色，筒伸直，盔的直。生海拔2400～3200 m的沟边、路旁及草坡上。

（a）扭盔马先蒿植株

（b）扭盔马先蒿花枝

图7-225 扭盔马先蒿

73. 苦苣苔科 Gesneriaceae

【识别特征】

苦苣苔科叶基出，花冠唇斜花药连；
花盘成环或多样，侧膜胎座蒴瓣卷。

半蒴苣苔 *Hemiboea henryi* **Clarke** （图7-226）：多年生草本。叶对生，叶片菱状卵形，全缘；叶柄有翅，基部合生呈船形。花序腋生，具梗，无毛；苞片圆卵形；花密集，无毛；花萼裂片披针状条形；花冠白色或带粉红色，上唇2浅裂，下唇3浅裂；子房近条形。蒴果近镰刀形。生丘陵和山地林下或沟边阴处。

（a）半蒴苣苔植株

（b）半蒴苣苔花

图7-226 半蒴苣苔

大一面锣 *Didissandra sesquifolia* C. B. Clarke（图7-227）：多年生草本。茎无节，状如叶柄，全株密被淡黄色粗毛。叶2片，近顶生；叶片极不等大，边缘疏锯齿。聚伞花序近茎顶腋生；花萼5浅裂；花冠管状，紫蓝色，雄蕊4；蒴果线形，深褐色。生于海拔900～1600 m的山坡林下、路旁及峭壁上。

图7-227 大一面锣

74．爵床科 Acanthaceae

【识别特征】

爵床草灌节膨大，叶对花唇序各型；
苞大二强药偏斜，蒴棒种钩为特征。

白接骨 *Asystasiella chinensis*（S. Moore）E. Hossain（图7-228）：多年生草本。茎直立，四棱形，节部膨大。叶对生；长卵形至长椭圆形，边缘微波状。花序穗状，顶生，常偏于一侧；花萼5裂达基部；花冠淡紫红色，具细长管，端部漏斗状，5裂；雄蕊4，2强。蒴果长椭圆形。生于海拔600～1000 m的阴湿石缝内和草丛中。

图7-228 白接骨

图7-229 透骨草植株

75．透骨草科 Phrymaceae

透骨草 *Phryma leptostachya* Linn（图7-229）：多年生草本。茎直立，丛生，被灰白色卷曲柔毛，叶对生或与基部对生。总状花序顶生，花小，雄花位于花序上端，花序下端的花略大，中间 1 朵雌花，两侧为雄花，子房上位。蒴果三角状扁圆球形。生于草地或山坡。

76. 车前科 Plantaninaceae

【识别特征】

车前草本叶基生，花小四瓣干膜质；
穗状花序常直立，蒴果盖裂多种子。

车前草 *Plantago asiatica* L.（图 7-230）：多年生草本，有须根。基生叶卵形或宽卵形，顶端圆钝，边缘近全缘、波状，或有疏钝齿至弯缺。花葶数个，直立；穗状花序；苞片宽三角形，较萼裂片短，二者均有绿色宽龙骨状突起；花萼有短柄，椭圆形；花冠裂片披针形，蒴果。生长在山野、路旁、花圃、菜圃以及池塘、河边等地。

图 7-230 车前草植株

77. 茜草科 Rubhceae

【识别特征】

茜草草木习性多，托叶发达叶对轮；
花序各式 4~5 数，房下 2 室多胚珠。

玉叶金花 *Mussaenda pubescens* Ait. Fr（图 7-231）：藤状小灌木。单叶互生，有短柄，卵状矩圆形或椭圆状披针形，先端渐尖，基部短尖，边全缘；托叶 2 深裂，裂片条形。夏季开花，聚伞伞房花序；花黄色，无柄；常有 1 片扩大成白色叶状，浆果椭圆形。生于较阴的山坡、沟谷、溪旁及灌丛中。

(a) 玉叶金花花枝

(b) 玉叶金花幼果

图 7-231 玉叶金花

图 7-232 栀子花

栀子花 *Gardenia jasminoides* J. Ellis（图 7-232）：灌木。叶对生，革质，少为 3 片轮生，叶常为长圆状披针形或椭圆形。花芳香，通常单朵生于枝顶；萼宿存；花冠白色或乳黄色，高脚碟状，喉部有疏柔毛；花柱粗厚，柱头纺锤形，黄色，平滑。果卵形、近球形。生于海拔 10~1500 m 的山谷、山坡、溪边的灌丛或林中。

鸡矢藤 *Paederia scandens*（Lour.）Merr. （图7-233）：草质藤本，叶对生，矩圆形至披针形，揉碎之叶具有鸡屎臭味；花白紫色，无柄；萼狭钟状；花冠钟状，浆果球形。生于溪边、河边、林旁或灌木林中，常攀缘于其他植物或岩石上。

(a) 鸡矢藤植株　　　　　　(b) 鸡矢藤叶

图7-233　鸡矢藤

长叶茜草 *Rubia dolichophylla* Schrenk（图7-234）：草本。茎、枝、叶缘、叶背中脉和花序轴上均有小皮刺。叶片纸质，线形或披针状线形。花序腋生，单生或有时双生，与叶近等长或稍短，由多个小聚伞花序组成。生于海拔600~1300 m的山坡或路旁。

图7-234　长叶茜草茎叶

78. 忍冬科 Caprifoliaceae

【识别特征】

忍冬多木叶对生，花萼4~5冠二唇；
雄蕊着生冠管上，子房下位果各型。

忍冬 *Lonicera acuminata* Wall（图7-235）：半常绿缠绕灌木；叶卵状矩圆形、矩圆形或披针形，全缘，有明显的睫毛；双花生于小枝上部叶腋；花冠唇形，漏斗状，黄白色而有红晕，后变黄色；浆果蓝黑色，卵球形或倒卵球形。生于海拔600~2600 m的山坡和山谷针阔叶混交林或灌丛中。

(a) 忍冬植株　　　　　　(b) 忍冬花枝

图7-235　忍冬

心叶荚蒾 *Viburnum nervosum* D. Don. （图7-236）：落叶灌木或小乔木，高至8 m；老枝粗壮，黑褐色；叶纸质，卵形；伞形式聚伞花序，5~7个聚生枝顶；

花冠辐状，白色，冠筒短；核果倒卵状椭圆形，紫红色，熟后变黑色。生于海拔 1200～3200 m 的针叶林或混交林内。

图 7-236　心叶荚蒾果枝

血满草 *Sambucus adnata* Wall.（图 7-237）：多年生高大草本。根状茎横走，折断时流出红色液汁，故名"血满草"。茎有纵棱槽，节明显；单数羽状复叶对生；花小，白色，排成伞房式聚伞圆锥花序，萼片、花瓣、雄蕊均为 5；浆果小，球形，红色。生于海拔 1500～3200 m 的沟边灌丛中处或林缘。

（a）血满草植株

（b）血满草果实

图 7-237　血满草

穿心莛子藨 *Triosteum himalayanum*（图 7-238）：多年生草本，高 30～50 cm，全体被粗毛。叶对生，无柄，基部愈合为一体，而茎贯穿中心；叶倒卵形。穗状花序顶生；花淡紫色，花冠狭漏斗状，裂片 5；雄蕊 5，花药内藏；子房下位，浆果卵形。生于海拔 1000～3700 m 的林下、灌丛、山坡和沟谷中。

陆英 *Sambucus chinensis* Lindl.（图 7-239）：为多年生灌木状草本，高达 3 m。根茎横生，节上生根。羽状复叶对生，长椭圆状披针形。复伞房花序顶生；花小，两性；花萼 5 裂；花冠白色或乳白色，裂片 5；雄蕊 5；子房下位。浆果状核果卵形，成熟时红色至黑色。生于海拔 500～1200 m 溪边或荒野灌丛中。

图 7-238　穿心莛子藨植株

图 7-239　陆英植株

云南双盾木 *Dipelta yunnanensis* Franch. (图7-240): 落叶灌木或小乔木。幼枝红色或淡紫色,老枝褐色;叶纸质,对生,椭圆形或披针状椭圆形;聚伞花序,有苞片1对;小苞片2对,有1对明显增大;花冠钟形;核果卵球形。生于海拔1100~2400 m的林下或灌丛中。

(a) 云南双盾木花枝　　　　(b) 云南双盾木幼果

图7-240　云南双盾木

79. 败酱科 Valerianaceae

【识别特征】

败酱多草粮味烈,叶对羽裂花距囊;

蕊3房下1室育,瘦果苞增翅果状。

甘松 *Nardostachys chinensis* Batal. (图7-241): 多年生草本。根状茎歪斜,覆盖片状叶鞘,有烈香。主根圆柱形,棕黑色。叶基生,线状倒披针形或披针形。花茎旁出。聚伞花序呈紧密圆头状;花萼5裂;花冠淡紫红色;雄蕊4;子房下位。瘦果倒卵形。生于海拔3000~4500 m的高山草甸或疏林中。

柔垂缬草 *Valeriana flaccidissima* Maxim. (图7-242): 多年生草本;根状茎锥形,每节有一对近心形长柄叶;基生叶近心形;茎生叶羽状全裂。花小,淡红色,伞房状聚伞花序;花萼内卷;花冠基部细筒状,上部膨大,5裂;雄蕊3;子房下位。生于海拔600~1500 m的林边及山沟阴湿处。

图7-241　甘松植株　　　　图7-242　柔垂缬草植株

黄花败酱 *Patrinia scabiosaefoliafisch. ex link* (图7-243): 多年生草本。根茎

粗壮，斜生，有多条绳状根。根出叶丛生，有长柄，叶片卵状披针形。茎生叶对生，叶片通常羽状全裂，顶裂片较大，被针形。复伞房花序顶生，花黄色。瘦果，椭圆形，具三棱，不开裂。喜稍湿润环境，耐严寒，一般土地均可栽培。

图 7-243　黄花败酱植株

80. 葫芦科 Cucurbitaceae

【识别特征】

葫芦蔓须叶互生，单叶掌状鸟趾分；
单性 5 数蕊聚药，双韧瓠果为特征。

图 7-244　川赤瓟

川赤瓟 *Thladiantha davidii* Franch.（图 7-244）：攀缘草本。叶片卵状心形，粗糙，边缘有小齿。雌雄异株；雄花：头状聚伞花序，下面常有小叶，花冠黄色，裂片长卵形；子房卵形，无毛。瓠果矩圆形。生于海拔 1100～2100 m 的路旁、沟边及灌丛中。

黄瓜 *Cucumis sativus* L.（图 7-245）：一年生蔓生或攀缘草本，全体被刚毛；茎、枝有纵棱槽；单叶互生，三角状广卵形，掌状浅裂，两面粗糙，叶缘具锯齿；花单性，雌雄同株；花萼筒狭钟状或近圆筒状；花冠黄色，裂片矩圆状披针形，急尖；果实圆柱形，表面疏生短刺瘤。田园栽培。

（a）黄瓜花

（b）黄瓜果实

图 7-245　黄瓜

绞股蓝 *Gynostemma pentaphyllum*（Thunb.）Mak.（图 7-246）：多年生草质藤本。叉指状复叶互生，长圆形或长圆状披针形。花小，雌雄异株，雄花圆锥花序，花冠白色，5 裂，雄蕊 5，下部合生；子房球形；浆果球形，熟时黑色。生于海拔 500～2000 m 的山地灌木丛或林中。

(a) 绞股蓝藤茎　　　　　　　　(b) 绞股蓝叶

图 7-246　绞股蓝

81. 桔梗科 Campanulaceae

【识别特征】

桔梗草木根粗壮，具乳叶互花 5 数；
整齐合瓣常钟管，萼宿房下果浆蒴。

半边莲 *Lobelia chinensis* Lour（图 7-247）：多年生蔓性草本，有乳汁。茎细长，匍匐茎于节部生细根。叶互生；无柄；叶片狭小，披针形，叶缘锯齿。花小，单生，花萼绿色，上端 5 裂，下部成筒状，花冠浅红紫色，裂片一边开裂；雄蕊 5，聚药；雌蕊 1。蒴果顶端二瓣开裂。生于水田边、路沟旁及潮湿的阴坡、荒地。

铜锤玉带草 *Pratia nummularia* A. Brown et Aschers.（图 7-248）：一年生匍匐草本。叶互生，圆形至心状卵圆形，边缘具钝锯齿。淡紫色小花，单生叶腋。花梗基部膨大；花萼基部合生，壶状，萼齿 5 裂，边缘有肉刺；花冠为二唇形；雄蕊 5；浆果长椭圆形。生于海拔 500~1000 m 的山坡、路边、林下或灌木丛阴湿处。

图 7-247　半边莲植株　　　图 7-248　铜锤玉带草

82. 菊科 Compositae

【识别特征】

菊科居冠习性多，乳汁花型分亚科；
头状总苞聚药蕊，瘦果带伞环球落。
管舌无乳归管状，全舌有乳舌亚科；
再观托片花序盘，总苞数形定族属。

大丽菊 *Dahlia*，*Garden* Dahlia（图7-249）：多年生草木。叶对生，1～3回羽状分裂，裂片卵形，锯齿粗钝。花长于梗顶，头状花序中央有无数黄色的管状小花，边缘是长而卷曲的舌状花。具有粗大锤状肉质块根。人工栽培。

金盏菊 *Calendula officinalis* L.（图7-250）：二年生草本植物，全株被白色茸毛。单叶互生，椭圆形或椭圆状倒卵形，全缘，基生叶有柄，上部叶基抱茎。头状花序单生茎顶，形大，舌状花一轮或多轮平展，金黄或橘黄色，筒状花黄色或褐色。也有重瓣等品种。瘦果，呈船形、爪形。栽培。

图7-249　大丽菊　　　　图7-250　金盏菊植株

牛膝菊 *Galinsoga parviflora* Cav.（图7-251）：一年生草本。叶对生，有柄，卵形，边缘具钝齿，基出3脉。聚伞花序；总苞半球形，总苞片2层，覆瓦状排列；边花5，雌性，舌状，白色；中央花多数，管状，黄色。瘦果倒卵状锥形。生于海拔500～3500 m的山坡草地、河谷、疏林下。

蒲儿根 *Senecio oldhamianus* Maxim.（图7-252）：一或二年生草本。单叶互生，具长叶柄。叶片边缘有深及浅的重锯齿。头状花序复伞房状排列；常多数，梗细长；总苞宽钟状；舌状花1层，舌片黄色，条形；筒状花多数，黄色。瘦果倒卵状圆柱形；冠毛白色。多变异。生于海拔500～1500 m的林缘、草坡、荒地及路旁。

图7-251　牛膝菊　　　　图7-252　蒲儿根

蒲公英 *Taraxacum mongolicum* Hand．-Mazz.（图7-253）：多年生草本，含

白色乳汁。叶排成莲座状,叶缘具波状齿。头状花序单一,顶生,总苞钟状,多层;舌状花多数,舌片具紫色条纹;雄蕊黄色;果实稍扁,长椭圆形;冠毛白色。生于海拔500~1200 m的山坡草地、路旁、河岸沙地。

向日葵 *Heliantus annuus* L.(图7-254):一年生草本,全株被糙毛。叶互生,具长柄;叶片边缘有锯齿。头状花序单生,圆盘状;总苞片绿色,卵圆形或卵状披针形,先端尾状长尖,有长毛;边花为舌状花,黄色,中央为多数管状花,紫棕色,花序托有三角披针形托片。瘦果长卵形或椭圆形。田园栽培。

图7-253 蒲公英

图7-254 向日葵头状花序

马兰 *Kalimeris indica*(L.)Sch.-Bip.(图7-255):多年生草本。茎直立。叶互生,倒披针形,羽状浅裂,全缘。头状花序单生于枝顶排成疏伞房状;总苞片2~3层,倒披针形,上部草质,边缘膜质,有睫毛;舌状花1层,舌片淡紫色;筒状花多数。瘦果倒卵状矩圆形,极扁,褐色。生于海拔400~1500 m的草坡、路边。

小蓟 *Cirsium segetum* Bunge[*Cephalanoplos segetum*(Bunge)Kitam.](图7-256):又名刺儿菜,多年生草本。茎微紫色,被白色柔毛。叶互生,无柄,叶片长椭圆状披针形,先端钝,有刺尖;全缘或微齿裂,两面均被有绵毛。头状花序顶生,直立,管状花,紫红色。瘦果椭圆形或长卵形,冠毛羽毛状。生于海拔200~2500 m的荒坡草地。

图7-255 马兰

图7-256 小蓟植株

大吴风草 *Farfugium japonicum*(linn. f.)kitam.(图7-257):多年生葶状草本。叶全部基生,莲座状,有长柄,叶片肾形,上面绿色,下面淡绿色。头状花序辐射状,被毛。舌状花8~12,黄色,舌片长圆形或匙状长圆形。瘦果圆柱形,被成行的短毛。多栽培。

黄鹌菜 *Youngia japonica* (L.) DC.（图7-258）：一年生或二年生草本，植物体有乳汁。基生叶丛生成莲座状，倒披针形。春季开黄色花，头状花序小而窄，全为舌状花，花冠先端具5齿。瘦果棕红色。生于路旁、溪边、草丛中。

图7-257　大吴风草植株　　　　图7-258　黄鹌菜的花

千里光 *Senecio scandens* Buch. -Ham.（图7-259）：多年生草本。叶片长三角形，顶端长渐尖。头状花序多数，在茎及枝端排列成复总状的伞房花序；总苞筒状；舌状花约8～9，黄色；冠毛白色，约与筒状花等长。生于山坡、疏林下、林边、路旁、沟边草丛中。

（a）千里光植株　　　　　　（b）千里光花枝

图7-259　千里光

清明菜 *Anaphalis flauescens* Hand. -Mazz.（图7-260）：多年生草本。茎直立或斜升，具白色蛛丝状绵毛。叶倒披针状长圆形，全部被灰白或黄白色蛛丝状绵毛。头状花序成伞房或复伞房状。瘦果长圆形，密生乳头状突起。生于海拔2800～4700 m的山坡、草地及林下。

（a）清明菜植株　　　　　（b）清明菜花

图7-260　清明菜

山莴苣 *Lactuca indica* L.（图7-261）：一年生或二年生草本，体内含白色浆汁。主根圆锥状或纺锤形。叶披针形，条状披针形至条形。头状花序排列成圆锥状，全部为舌状花，淡黄色。生于山坡、灌丛、草地、路边等处。

（a）山莴苣植株

（b）山莴苣花

图7-261 山莴苣

图7-262 天名精植株

天名精 *Carpesium abrotaniodes* L.（图7-262）：多年生草本，有臭味。叶互生，下部叶宽椭圆形或长圆形。头状花序多数，沿茎枝腋生；花序中全为管状花，黄色；花序外围为雌花。瘦果条形，具细纵条，有腺点。生于路旁、山沟、溪边、荒地等处。

小苦荬 *Ixeridium chinense* (Thunb.) Tzvel.（图7-263）：多年生草本。基生叶长椭圆形或倒披针形。头状花序通常在茎枝顶端排成伞房花序，含舌状小花21~25。总苞圆柱状。舌状小花黄色，干时带红色。瘦果褐色。冠毛白色。生于山坡路旁、田野、河边灌丛或岩石缝隙中。

（a）小苦荬植株

（b）小苦荬花

图7-263 小苦荬

橐吾 *Ligularia sibirica* (L.) Cass.（图7-264）：多年生草本。茎直立，最上部及花序，被白色蛛丝状毛和黄褐色有节短柔毛。叶片卵状心形、三角状心形、肾状心形或宽心形。舌状花，黄色，舌片倒披针形或长圆形。瘦果长圆形，光滑。生于海拔373~2200 m的沼地、湿草地、河边、山坡及林缘。

图7-264 橐吾植株

第二节　单子叶植物纲

单子叶植物的种子胚中有1个子叶，植物的根系一般是须根系，叶脉为弧形叶脉或平行叶脉，花的基数一般为3基数。

1. 泽泻科 Alismataceae

【识别特征】

> 泽泻水生或沼生，基叶柄长成鞘状。
> 圆锥花序花3数，蕊多瘦果胚蹄形。

慈姑 *Safittaria sagittifolia* L.（图7-265）：又名燕尾草，多年生挺水植物，地下具根茎。端部有较长的顶芽。叶着生基部，叶片箭头状。沉水叶多呈线状。花茎上部着生出轮生状圆锥花序，小花单性同株或杂性株，白色，不易结实。生于低海拔沼泽地或水田。

（a）慈姑植株　　　　　　（b）慈姑的花与果实

图7-265　慈姑

2. 水鳖科 Hydrocharitaceae

【识别特征】

> 水生草本叶单生，花序常具佛焰苞；
> 花被常6萼绿色，内轮常呈花瓣状；
> 雄花雄蕊1至3，雌蕊三六侧膜生；
> 胚珠多数似浆果，种子微小无胚乳。

黑藻 *Hydrilla verticillata*（L. f.）Royle（图7-266）：又名温丝草。沉水草本；茎延长，纤细；叶线形，轮生；花小，单性。雄花单生，具短柄，生于近球形的佛焰苞内，萼片、花瓣和雄蕊均3。雌花1~2，无柄，生于管状、2齿裂的佛焰苞内，花被与雄花相似，但较狭。子房延伸于苞外成线状长喙，1室，花柱2或3；果锥尖，

图7-266　黑藻植株

平滑或有小突点。

苦草 *Vallisneria spiralis* L.（图7-267）：又名扁草，多年生无茎沉水草本。叶基生，线形。雌雄异株，雄花小，多数，雄蕊1~3；雌花单生，花被片6，两轮排列，内轮常退化，外轮带红粉色，较大，花柱3~2裂；子房下位，胚珠多数。果圆柱形。生于淡水的池沼及溪沟中。

图7-267　苦草植株

3. 眼子菜科 Potamogetonaceae

【识别特征】

水生植物根匍匐，单叶互生带状生；
穗状花序生枝顶，两性整齐花被4；
花瓣分裂具短爪，雄蕊4枚心皮4；
子房上位胚珠1，一至四个小核果。

竹叶眼子菜 *Potamogeton malaianus* Miq.（图7-268）：又名箬叶藻，多年生浮叶或沉水草本。根茎发达，白色，节处生有须根。茎圆柱形，不分枝或具少数分枝。叶条形或条状披针形，基部钝圆或楔形，边缘浅波状。穗状花序顶生，花小，被片4，绿色；雌蕊4，离生。果实倒卵形，长约3 mm。花果期6~10月。

图7-268　竹叶眼子菜

菹草 *Potamogeton crispus* L.（图7-269）：又名虾藻。根茎圆柱形，茎稍扁，多分枝，近基部常匍匐地面，于节处生出疏或稍密的须根。叶条形，无柄，长3~8 cm，宽3~10 mm，叶缘多少呈浅波状，具疏或稍密的细锯齿。穗状花序顶生，具花2~4轮。花果期4~7月。生于池塘、湖泊、溪流中，静水池塘或沟渠中较多。

4. 棕榈科 Arecaceae

【识别特征】

图7-269 茳草

木本茎直主干明，叶基宿存常抱茎；
鞘片纤维用处广，棕垫棕绳与棕箱。
叶似圆扇簇生顶，掌状分裂皱褶长；
花序常为圆锥状，花小整齐性难分。
6片花被6雄蕊，两轮排列单雌蕊；
子房上位多3室，浆果核果长圆状。

棕榈 *Trachycarpus fortunei* (Hook.) H. Wendl.（图7-270）：又名棕树。常绿乔木，高约7 m；干直立，不分枝，为叶鞘形成的棕衣所包；叶大，集生干顶，掌状深裂，叶柄有细刺；夏初开花，肉穗花序生于叶间，具有黄色佛焰苞；淡蓝黑色近球形核果，有白粉。生于海拔1000 m以下的林中。

（a）棕榈植株

（b）棕榈花序

图7-270 棕榈

蒲葵 *Livistona chinensis* R. Br（图7-271）：单干，高10~20 m，干径可达30 cm。叶掌状中裂，圆扇形，灰绿色，向内折叠，裂片先端再2浅裂，向下悬垂，软纯状，叶柄粗大，两侧具逆刺。肉穗花序，作稀疏分歧，小花淡黄色、黄白色或青绿色。果核椭圆形，熟果黑褐色。多为栽培。

（a）蒲葵植株

（b）蒲葵的叶基

图7-271 蒲葵

棕竹 *Rhapis excelsa* (Thunb.) Henry ex Rehd. (图7-272): 又名棕榈竹。丛生灌木，茎干直立，高1~3 m，不分枝，包以有褐色网状纤维的叶鞘。叶集生茎顶，掌状，深裂几达基部；叶柄细长，8~20 cm。肉穗花序腋生，花小，淡黄色，极多，单性，雌雄异株。浆果球形，种子球形。多栽培。

（a）棕竹植株　　　　　（b）棕竹的叶

图7-272　棕竹

5. 天南星科 Araceae

【识别特征】

　　　　　草本常有球根茎，体含乳汁气生根；
　　　　　茎基常有膜质鞘，叶形叶脉样式多。
　　　　　肉穗花序佛焰苞，宿存早落色彩耀；
　　　　　花小味臭性难分，雄蕊稀1248。
　　　　　雌蕊1枚心室多，浆果密集穗轴生。

石菖蒲 *Acorus macrospadiceus* (Yamam.) F. N. Wei & Y. K. Li (图7-273)：又名茴香菖蒲。多年生草本植物，根茎具气味。叶全缘，排成二列。肉穗花序（佛焰花序），花梗绿色，佛焰苞叶状。生于山谷、山涧及泉流的水石间。

龟背竹 *Monstera deliciosa* Liebm. (图7-274)：又名蓬莱蕉。常绿藤本植物，茎粗壮。幼叶心形无孔，长大后成广卵形、羽状深裂，叶脉间有椭圆形的穿孔，叶具长柄，深绿色。佛焰花序，佛焰苞舟形，11月开花，淡黄色。多栽培。

图7-273　石菖蒲植株　　　图7-274　龟背竹植株

马蹄莲 *Zantedeschia aethiopica* **Spreng**（图7-275）：又名慈菇花。多年生草本。具肥大肉质块茎。叶基生，具长柄，叶柄一般为叶长的2倍，上部具棱，下部呈鞘状折叠抱茎；叶卵状箭形。花梗着生叶旁，高出叶丛，肉穗花序包藏于佛焰苞内，佛焰包形大、开张呈马蹄形。果实肉质，包在佛焰包内；自然花期3～8月。栽培观赏。

（a）马蹄莲植株　　　　　（b）马蹄莲的花

图7-275　马蹄莲

芋 *Colocasia esculenta*（L.）**Schott.**（图7-276）：又名芋头。球茎上有鳞片，是叶鞘的残迹。球茎节上有腋芽，能形成球茎。叶互生，盾状，先端渐尖。花为佛焰花序。本种植物性湿润温暖，不耐严寒和干旱。栽培做蔬菜。

（a）芋苗　　　　　　　（b）芋根茎

图7-276　芋

魔芋 *Amorphophallus konjac* **K. Koch**（图7-277）：又名蒟蒻芋。多年生草木植物。地下块茎为扁球形，个大，叶柄粗壮，圆柱形，淡绿色，有暗紫色斑，掌状复叶。生林下及溪谷旁湿润地或栽培。

半夏 *Pinellia ternata*（Thunb.）**Breit.**（图7-278）：又名麻芋子。多年生草本植物。块茎近球形，基生叶1～4，叶出自块茎顶端，叶柄下部有一白色或棕色珠芽。花单性，花序轴下着生雌花，无花被；雄花位于花序轴上部，白色，无被，雄蕊密集成圆筒形；花序末端尾状，伸出佛焰苞，绿色或表紫色，直立，或呈"S"形弯曲。生于海拔1000 m以下的林缘或田间。

图 7-277　魔芋植株　　　　　图 7-278　半夏植株

异叶天南星 *Arisaema heteropLyllum* **Bl**（图 7-279）：又名狗爪南星。多年生草本，高 60~80 cm。块茎近球状或扁球状，直径 1.5 cm 左右。叶 1，鸟趾状全裂，裂片 9~17，通常 13 左右。花序柄长 50~80 cm；佛焰苞绿色，下部筒状，花序轴先端附属物鼠尾状，延伸于佛焰苞外甚多。浆果红色。花期 7~8 月。生于海拔 500~1200 m 的阴湿林下。

一把伞南星 *Arisaema erubescens*（**Wall.**）**Schott**（图 7-280）：又名虎掌南星。多年生草本植物。叶 1，小叶片 7~23，轮生于叶柄顶端，小叶片呈线形、披针形或倒披针形，顶端细丝状。花雌雄异株。花序柄短于叶柄，佛焰苞通常绿色或上部带紫色，少有紫色而具白色条纹；肉穗花序，附属器为棍棒状。浆果，红色。生于海拔 500~1200 m 的阴湿林下。

图 7-279　异叶天南星　　　　　图 7-280　一把伞南星

浅裂南星 *Arisaema lobaum* **Engl.**（图 7-281）：块茎扁球形，有黑紫斑纹，具 1~2 叶。小叶 3，中间 1 片宽卵形至椭圆形，侧生小叶近于无柄，椭圆形至矩圆形。佛焰苞白色或绿色，下部近漏斗形，直立，或带紫褐色；附属体圆柱状。果序长 4~8 cm，浆果红色。生于海拔 2200 m 以下的阴湿林下。

（a）浅裂南星植株　　　　　（b）浅裂南星佛焰花序

图 7-281　浅裂南星

● **红掌** *Anthurium andraeanum* **Lind.**（图7-282）：又名花烛。株高为 50~80 cm，无茎，叶从根茎抽出，具长柄、单生、心形，鲜绿色，叶脉凹陷。花腋生，佛焰苞蜡质，正圆形至卵圆形，鲜红色、橙红肉色、白色，肉穗花序，圆柱状，直立。栽培观赏。

白掌 *Spathiphyllum kochii* **Engl. et Krause**（图7-283）：又名白鹤芋。多年生草本。株高 40~60 cm，具短根茎，多为丛生状。叶长圆形或近披针形，两端渐尖，基部楔形。肉穗花序，佛焰苞白色，呈叶状。栽培观赏。

图 7-282　红掌植株　　　　　图 7-283　白掌

6. 鸭跖草科 Commelinaceae

【识别特征】

多汁草本直或攀，柄基膜质鞘抱茎；
互生单叶并行脉，辐射对称花两性。
花被 2 轮外宿存，6 枚雄蕊或 2 退；
两个药室并或叉，1 个雌蕊房上位。
中轴胎座或蒴果，种子有棱胚盖圆。

鸭跖草 *Commelina communis* **L.**（图7-284）：又名竹叶兰。一年生草本。叶互生，带肉质；卵状披针形。总状花序，花 3~4 朵，深蓝色，偶见白色，着生于二叉状花序柄上的苞片内；苞片心状卵形，绿色。蒴果椭圆形，压扁状，成熟时裂开。生于海拔 600~1200 m 的林缘或山坡灌丛。

（a）鸭跖草植株　　　　　　　　　（b）鸭跖草的花

图 7-284　鸭跖草

紫鸭跖草 Commelina purpurea C. B. Clarke（图 7-285）：多年生草本植物，植株高 20~30 cm，叶披针形，略有卷曲，紫红色，被细绒毛。茎紫褐色，初始直立，伸长后呈半蔓性，呈地被匍匐状。春夏季开花，花色桃红。生于海拔 500~1000 m 的林下或阴湿沟边。

（a）紫鸭跖草植株　　　　　　　　　（b）紫鸭跖草的花

图 7-285　紫鸭跖草

川杜若 Pollia omeiensis Hong（图 7-286）：多年生草本。叶卵状披针形。圆锥花序顶生，与顶端叶近相等。果成熟时黑色，球形；种子小，黑褐色，扁平，中间有窝孔。生于海拔 800~1300 m 的林下或阴湿沟边。

（a）川杜若植株　　　　　　　　　（b）川杜若花序

图 7-286　川杜若

白花紫露草 *Tradescantia fluminensis* Vell.（图 7-287）：又名白花紫鸭跖草。多年生草本植物。茎匍匐，带紫红色晕，节处膨大，贴地的茎节上生根。叶互生，长椭圆形，表面绿色，具白色条纹，有光泽，光线不足时，叶片变为绿色。伞形花序。花小、白色。生于海拔 600～1100 m 的林下或沟边。

（a）白花紫露草植株

（b）白花紫露草的花

图 7-287　白花紫露草

7. 灯心草科 Juncaceae

【识别特征】

草本根茎匍匐状，叶扁或圆退为鞘；
花两性腋或顶生，花被片 6 成 2 轮。
雄蕊 6，稀 3 枚；子房上位一三室；
胚珠一三至多数，蒴果三裂 3 果瓣。

灯心草 *Juncus effusus* L.（图 7-288）：多年生草本。茎簇生，直立，细柱形。叶鞘红褐色或淡黄色。叶片退化呈刺芒状。蒴果长圆状，先端钝或微凹。种子多数，卵状长圆形。生于海拔 500～1000 m 的沼泽或水田中。

（a）灯芯草植株

（b）灯芯草花序

图 7-288　灯芯草

单枝灯心草 *Juncus potaninii* Buchen.（图 7-289）：多年生草本。茎丛生，纤细，绿色。叶基生和茎生；叶鞘紧密抱茎；叶耳短，钝圆。头状花序单生于茎顶；宽卵形，膜质，顶端尖，下面 2 片基部稍合生。蒴果。生于海拔 500～1000 m 的沼泽或水田中。

展苞灯心草 *Juncus thomsonii* **Buchen.**（图7-290）：多年生草本；根状茎短，具褐色须根。茎直立，丛生，圆柱形，淡绿色。叶全部基生，常2，叶片细线形；叶鞘红褐色，边缘膜质；叶耳明显，钝圆。头状花序单一顶生。蒴果三棱状椭圆形。种子长圆形。花期7~8月，果期8~9月。生于海拔500~1000 m的沼泽或水田中。

图7-289 单枝灯心草

图7-290 展苞灯心草

8．莎草科 Cyperaceae

【识别特征】

草本常有根状茎，地上无节三棱形；
叶有三列茎实心，或仅叶鞘闭合生。
各种花序或小穗，毛鳞常见花被退；
雄蕊常3雌蕊复，子房上位1珠室。
坚果三棱凸球形，荸荠香附作药行。

水蜈蚣 *Kyllinga brevifolia* **Rottb.**（图7-291）：多年生草本，丛生。根茎带紫色，生须根。叶质软，狭线形。头状花序，单生，卵形；小穗极多数，长椭圆形，成熟后全穗脱落；花颖4枚，呈舟状的卵形。瘦果呈稍压扁的倒卵形，褐色。生于海拔500~900 m的沼泽或水田中。

（a）水蜈蚣植株

（b）水蜈蚣花序

图7-291 水蜈蚣

荆三棱 *Scirpus fluviatilis* **A. Gray.**（图7-292）：多年生草本，根状茎横走，常膨大，末端具块茎。叶互生，窄条形，基部鞘状抱茎。复穗状花序，小穗长圆形，颖长椭圆形，稍膜质，先端尖，芒状；雄蕊3；雌蕊花柱长，柱头2裂。瘦果三角倒卵形，褐色。生于海拔500~800 m的沼泽或水田中。

香附 *Cyperus rotundus* **L.**（图7-293）：多年生草本。根状茎部分肥厚成纺锤形，数个相连。茎直立，三棱形。叶丛生于茎基部，叶鞘闭合包于上，叶片窄线形；花序复穗状；小穗宽线形；每颗着生1花，雄蕊3；柱头3，呈丝状。生于海拔500~1000 m的林缘或田间。

图7-292 荆三棱　　　　图7-293 香附植株

旱伞草 *Cyperus alternifolius* **L.**（图7-294）：又名水棕竹。多年生湿生、挺水草本植物。叶状苞片显著，约有20枚，呈螺旋状排列在茎秆的顶端，向四面辐射开展，扩散呈伞状。生长在河岸、湖旁灌丛中。

砖子苗 *Mariscus umbellatus* **Vahl.**（图7-295）：又名关子苗、大香附子、玛玛机机。一年生草本。叶与秆近等长，叶鞘红棕色。长侧枝聚伞中花简单，有6~12条辐射枝；小穗平展或稍下垂。小坚果三棱状狭长圆形，黄褐色，表面有细点。生于海拔500~1500 m的水田或沟边。

图7-294 旱伞草植株　　　　图7-295 砖子苗果序

荸荠 *Eleocharis dulcis* (**Burm. f.**) **Trin. ex Henschel.**（图7-298）：又名水栗。多年沼泽生草本，匍匐根状茎细长，末端膨大成扁圆形球状；地上茎圆柱形，

图7-296 荸荠根部

丛生，不分枝，中空，具横隔。叶片退化，叶鞘薄膜质。穗状花序一个，顶生，直立，淡绿色。小坚果呈双凸镜形。生于海拔500~1000 m的沼泽或水田中。

9. 禾本科 Poaceae

【识别特征】

此科常有禾与竹，农工绿化功勋著；
秆空有节基分枝，单叶互生成两列。
叶鞘舌耳有或缺，脉纵平行好分别；
两性花小装小穗，颖包稃片裹浆片。
雄蕊常3药丁字，子房上位一珠室；
颖果常作粮食用，稻麦黍粟见四处。

菰 *Zizania latifolia* (Griseb.) Turcz. ex Stapf（图7-297）：又名茭白、茭笋。多年生浅水草本，高达2 m。根状茎粗短肥厚，生有多数匍枝及粗壮须根，埋于泥中。嫩茎秆被黑粉菌寄生而肥大成茭白。多栽培于池塘、湖沼中。

（a）菰植株

（b）菰根状茎

图7-297 菰

薏苡 *Coix lacroymajobi* L. var. mayuen (Roman.) Stapf（图7-298）：一年生粗壮草本。秆直立丛生，高1~2 m，具10多节，节多分枝；叶片扁平宽大，长10~40 cm，宽1.5~3 cm，基部圆形或近心形，中脉粗厚，在下面隆起，边缘粗糙，通常无毛。总状花序腋生成束，长4~10 cm，直立或下垂，具长梗。花果期6~12月。栽培入药。

（a）薏苡植株

（b）薏苡花序

图7-298 薏苡

缺苞箭竹 *Fargesia denudate* Yi（图7-299）：又名黄竹子。秆高3~5 m，径0.6~1.3 cm，节间长15~25 cm，幼时被白粉，秆环平；每节分枝4~15，纤细，下垂。秆箨早落，矩形，淡黄色，约为节间长的2/3；箨耳及肩毛缺失；箨舌截平形；箨叶外翻。叶片线状披针形或披针形，长3~7 cm，宽0.4~1 cm，次脉3~4对，小横脉明显。生于海拔1500~2600 m的混交林中。

油竹 *Fargesia angustissima* Yi（图7-300）：秆高4~7 m，径1~2 cm，节间一般长28~35 cm，幼时密被白粉，纵细线棱纹极明显；秆环微隆起或隆起；分枝5~10簇生，纤细。箨鞘宿存，初紫色或紫绿色，远较节间为长；无箨耳，鞘口两肩有繸毛；箨舌截平形或下凹；箨叶外翻。叶片狭披针形，长3.4~9.5 cm，宽0.3~0.7 cm，小横脉明显。笋期6月。生于海拔1400~2400 m的常绿落叶混交林中。

图7-299　缺苞箭竹　　　　　图7-300　油竹

楠竹 *Phyllostachys pubescens* Mazel ex H. de Lehaie（图7-301）：又名毛竹。高10 m以上，粗达18 cm。秆箨厚革质，密被糙毛和深褐色斑点和斑块，箨耳和繸毛发达，箨舌发达，箨片三角形，披针形，外翻。高大，秆环不隆起，叶披针形，笋箨有毛。生于海拔1000 m以下的山地。

图7-301　楠竹的秆

箬竹 *Indocalamus tessellatus* (Munro) Keng f.（图7-302）：地下茎为合轴，有横走之鞭。小型竹，秆较低矮，高达2 m，秆茎与枝条相仿。节间长约25 cm，中空较小。叶片披针形，叶大，长可达45 cm，宽可超过10 cm，下面散生银色短柔毛，在中脉一侧生有1行毡毛。生于阔叶林下和林缘。

(a) 箬竹植株

(b) 箬竹枝叶

图 7-302　箬竹

孝顺竹 *Bambus amultiplex* (Lour.) **Raeuschelex J. A. et J. H. Schult.**（图7-303）：又名慈孝竹。灌木型丛生竹，地下茎合轴。竹秆密集生长，秆高 2～7 m，径 1～3 cm。幼秆微被白粉，节间圆柱形，上部有白色或棕色刚毛。秆绿色，老时变黄色，梢稍弯曲。枝条多数簇生于一节，每小枝着叶 5～10，叶片线状披针形或披针形，顶端渐尖，叶表面深绿色，叶背粉白色，叶质薄。生于海拔 800～1500 m 的林中。

(a) 孝顺竹植株

(b) 孝顺竹的叶

图 7-303　孝顺竹

凤尾竹 *Bambusa multiplex* **cv. Fernleaf**（图7-304）：又名观音竹。多年生木质化植物。秆密丛生，矮细但空心；秆高 1～3 m 径 0.5～1.0 cm 叶小枝下垂，每小枝有叶 9～13，叶片小型，线状披针形至披针形，长 3.3～6.5 cm，宽 0.4～0.7 cm。栽培观赏。

(a) 凤尾竹植株

(b) 凤尾竹枝叶

图 7-304　凤尾竹

黄金间碧玉竹 *Phyllostachys sulphurea* **cv. Houzeau**（图7-305）：又名黄皮刚竹。秆高6~15 m，径4~6 cm，鲜黄色，间以绿色纵条纹。箨鞘草黄色，具细条纹，背部密被暗棕色短硬毛，边缘具细齿或条裂；箨叶直立，卵状三角形或三角形，腹面脉上密被短硬毛。叶披针形或线状披针形，长9~22 cm，两面无毛。生于海拔600~1200 m的林中。

白茅 *Imperata cylindrica* **(Linn.) Beauv.**（图7-306）：多年生草本。圆锥花序圆柱状，分枝缩短而密集；小穗披针形或矩圆形，孪生，1具长柄，1具短柄，长4~4.5 mm，含2小花，仅第二小花结实，基部具长柔毛，长为小穗的3~4倍；颖被丝状长柔毛；第一外稃卵形，长1.5~2 mm，具丝状纤毛，内稃缺；第二外稃长1.2~1.5 mm，内稃与外稃等长。花果期7~9月。生于海拔500~1200 m的山坡草地。

图7-305　黄金间碧玉竹

图7-306　白茅群落

狗尾草 *Setaira viridis* **(L.) Beauv**（图7-307）：又名狗尾巴草。一年生草本。秆直立或基部膝曲。叶鞘较松弛，无毛或具柔毛；叶舌具长1~2 cm的纤毛；叶片扁平，长5~30 cm，宽2~15 mm，顶端渐尖，基部略呈圆形或渐窄，通常无毛。圆锥花序紧密呈圆柱形。谷粒长圆形，顶端钝，具细点状皱纹。花果期夏秋间。生于海拔500~1800 m的山坡草地。

（a）狗尾草植株

（b）狗尾草果序

图7-307　狗尾草

皱叶狗尾草 *Setaria plicata* **(Lamk.) T. Cooke**（图7-308）：又名烂衣草。多

年生草本。秆直立或基部倾斜。叶鞘的鞘口及边缘常具纤毛；鞘节无毛或被短毛；叶舌退化成为 1~2 mm 的纤毛；叶片较薄，被针形至线状披针形，有纵向皱折。圆锥花序狭窄成圆柱状。颖果狭长卵形。生于海拔 500~1000 m 的林缘。

图 7-308　皱叶狗尾草

狗牙根 *Cynodon dactylon* L. （图 7-309）：又名百慕大草。多年生草本植物，具有根状茎和匍匐枝，须根细而坚韧。匍匐茎平铺地面或埋入土中。叶片平展、披针形，前端渐尖，边缘有细齿，叶色浓绿。穗状花序 3~6 枚呈指状排列于茎顶，小穗排列于穗轴一侧。种子卵圆形。生于海拔 500~1300 m 的山坡草地。

图 7-309　狗牙根植株

图 7-310　淡竹叶植株

淡竹叶 *Lophatherum gracile* Bongn. （图 7-310）：又名竹叶卷心。多年生草本，根状茎粗短。须根稀疏，其近顶端或中部常肥厚成纺锤状的块根。秆纤弱，多少木质化。叶互生，广被外形，基部近圆形或换形而渐狭缩成柄状或无柄，横脉明显，呈小长方格状；叶鞘边线光滑或具纤毛；叶舌短小，质硬。圆锥花序顶生，颖果纺锤形。生于海拔 600~1000 m 的林下。

马唐 *Digitaria sanguinalis* (L.) Scop. （图 7-311）：又名蟋蟀草。一年生或多年生草本。秆丛生，斜升，节着地生根。叶带状披针形，叶鞘基部及鞘口有毛。叶舌膜质，黄棕色，先端钝圆。指状花序，小穗成对着生于穗轴一侧，一有柄，另一无柄或具短柄。生于海拔 500~1200 m 的山坡草地。

（a）马唐植株　　　　　　　（b）马唐花序

图7-311　马唐

看麦娘 *Alopecurus aequalis* Sobol.（图7-312）：又名山高粱。一年生草本。秆少数丛生，细瘦，光滑，节处常膝曲，高15～40 cm。叶鞘光滑，短于节间；叶舌膜质，长2～5 mm；叶片扁平，长3～10 cm，宽2～6 mm。圆锥花序圆柱状，灰绿色，长2～7 cm，宽3～6 mm。颖果长约1 mm。生于海拔500～1900 m的山坡草地。

（a）看麦娘植株　　　　　　（b）看麦娘花序

图7-312　看麦娘

早熟禾 *Poa annua* L.（图7-313）：又名小鸡草。一年生或越年生草本，须根细。秆丛生，直立或基部倾斜，高5～30 cm，具2～3节。叶鞘质软，中部以上闭合，短于节间，平滑无毛；叶舌膜质，顶端钝圆；叶片扁平。圆锥花序开展，呈金字塔形。颖果黄褐色。生于海拔500～1200 m的山坡草地或田间。

（a）早熟禾植株　　　　　　（b）早熟禾果实

图7-313　早熟禾

稗 *Echinochloa crusgalli*（L.） Beauv.（图 7-314）：又名稗子。秆直立或铺散，分蘖多。叶片扁平，不具叶舌。圆锥花序由 10 余枚直立或斜升的穗状花序组成。小穗卵圆形，无柄，成 2~4 行密生于穗轴之一侧。第二成熟花外稃和内稃坚硬，光滑，紧包颖果，成熟后谷粒易脱落。生于海拔 500~1300 m 的山坡草地或田间。

（a）稗植株

（b）稗的果实

图 7-314 稗

图 7-315 无芒稗的花序

无芒稗 *Echinochloa crusgali* var. *mitis*（Pursh） Peterm. Fl.（图 7-315）：秆高 50~120 cm，直立，粗壮；叶片长 20~30 cm，宽 6~12 cm。圆锥花序直立，长 10~20 cm，分枝斜上举而开展，常再分枝；小穗卵状椭圆形，长约 3 mm，无芒或具极短芒，芒长常不超过 0.5 mm，脉上被疣基硬毛。生于海拔 500~1200 m 的山坡草地。

牛筋草 *Eleusine indica*（L.） Gaertn.（图 7-316）：又名牛顿草。一年生草本。须根细而密。秆丛生，直立或基部膝曲。叶片扁平或卷折，无毛或表面具疣状柔毛；叶鞘压扁，具脊，无毛或疏生疣毛，口部有时具柔毛；叶舌长约 1 mm。穗状花序，种子矩圆形，有明显的波状皱纹。生于海拔 500~2300 m 的山坡草地。

（a）牛筋草植株

（b）牛筋草的花序

图 7-316 牛筋草

野燕麦 *Avena fatua* **L.**（图7-317）：又名铃铛麦。株高30～150 cm。须根；茎丛生；叶鞘松弛，叶舌大而透明；圆锥花序；颖果纺锤形。生长于荒野或田间，尤以高原地区为多。

　　（a）野燕麦植株　　　　　　　　（b）野燕麦果实

图7-317　野燕麦

青稞 *Hordeum vulgare* **Linn. var. nudum Hook. f.**（图7-318）：又名裸大麦。一年生草本，秆直立，丛生。叶鞘松弛，基生者常被微毛；叶舌透明膜质；叶片扁平，质软，微粗糙，边缘基部有时疏生纤毛，圆锥花序开展，金字塔形，长15～20 cm。颖果长约8 mm，与内外稃分离。栽培于海拔1500～2500 m的山地。

图7-318　青稞

黑麦草 *Lolium perenne* **Linn.**（图7-319）：高70～100 cm，有时可达1 m以上。茎秆丛生，质地较软。叶在芽中呈折叠状，叶鞘光滑，叶耳细小，叶舌短而不明显。穗状花序，小穗含小花6～11，无外颖。无芒，内稃与外稃等长。种子千粒重1.5～2.0 g。生于海拔1200～2300 m的山坡草地。

图7-319　黑麦草

玉米 *Zea mays* **L.**（图7-320）：又名包谷。植株高大，茎强壮，挺直。叶窄而大，边缘波状，于茎的两侧互生。雌雄同体，雄花花序穗状顶生。雌花花穗腋生，成熟后成谷穗，具粗大中轴，小穗成对纵列后发育成两排籽粒。谷穗外被多层变态叶包裹。栽培做粮食。

（a）玉米雌花序

（b）玉米雄花序

图 7-320　玉米

高粱 *Sorghum bicolor* (L.) Moench（图 7-321）：又名荻粱。一年生草本。秆实心，中心有髓。分蘖或分枝。叶片似玉米，厚而窄，被蜡粉，平滑，中脉呈白色。圆锥花序，穗形有带状和锤状两类。颖果呈褐、橙、白或淡黄等色。种子卵圆形，微扁，质黏或不黏。栽培做粮食。

（a）高粱植株

（b）高粱花序

图 7-321　高粱

水稻 *Oryza glaberrima* L.（图 7-322）：又名谷子。须根系，不定根发达。秆直立，高 30~100 cm。叶二列互生，线状披针形，叶舌膜质，2 裂。圆锥花序疏松；小穗长圆形，两侧压扁，含 3 朵小花，颖极退化，仅留痕迹，顶端小花两性，外稃舟形，有芒；雄蕊 6；退化 2 花仅留外稃位于两性花之下，常误认作颖片。颖果。栽培做粮食。

（a）水稻植株

（b）水稻果实

图 7-322　水稻

荻 *Triarrherca sacchariflora*（Maxin.）Nakai（图7-323）：又名荻草。多年生高大竹状草本植物，具十分发达的根状茎。茎秆直立，深绿色或带紫色至褐色，有光泽，常被蜡粉；节部膨大，秆不隆起。叶鞘淡绿色，无毛，与其节间近等长；叶舌具绒毛，耳部被细毛；叶片带状，长80～100 cm，宽约4 cm，边缘锯齿较短。复穗状花序大型，长30～40 cm。颖果黑褐色。生于海拔500～1300 m的山坡草地。

垂穗鹅冠草 *Roegneria nutans*（Keng）Keng（图7-324）：多年生丛草本。秆硬、细瘦，具2～3节。叶条形，内卷。穗状花序下垂，穗轴常弯曲作蜿蜒状，小穗长10～15 mm，含3～4花，草黄色，颖披针形，具3脉；外稃披针形具5脉，芒长7～18 mm，粗壮反曲；内稃与外稃等长或稍短。生于海拔600～1400 m的山坡草地。

图7-323　荻的植株　　　　图7-324　垂穗鹅冠草植株

星星草 *Puccinellia tenuiflora*（Turcz.）Scribn. et Merr.（图7-325）：多年生草本。须根。秆丛生、直立或基部膝曲，灰绿色，具3～4节。叶鞘多短于节间，叶舌长约1 mm；叶片条形，内卷，被微毛。锥花序开展，长8～20 cm，小穗长3～4 mm，含3～4花；草绿色，第一颖长约0.6 mm，具1脉，第二颖长约1.2 mm，具3脉，外稃先端钝，具不明显的5脉；内稃与外稃等长。生于海拔600～1800 m的湿润草地。

紫芒披碱草 *Elymus purpuraristatus* C. P. Wang et H. L. Yang（图7-326）：秆较粗壮，高可达160 cm，秆、叶、花序皆被白粉，基部节间呈粉紫色。叶鞘无毛；叶片常内卷，长15～25 cm，宽2.5～4 mm，上面微粗糙，下面平滑。穗状花序直立或微弯曲，细弱，较紧密，呈粉紫色，内稃与外稃等长或稍短，脊上被短毛，其毛在中部以下渐稀疏而细小。生于海拔1000～2300 m的山坡草地或沟边。

图7-325　星星草群落　　　　图7-326　紫芒披碱草植株

10. 芭蕉科 Musaceae

【识别特征】

大型草本树模样,鞘状叶柄茎包上;
互生大叶羽脉长,花序穗状圆锥状。
两性单性皆存在,6 被 2 轮不整齐;
雄蕊 6 枚或缺 1,下位子房 3 室生。
丝状柱头常 3 个,长形浆果为水果。

芭蕉 *Musa basjoo* Sieb. et Zucc. (图 7-327):又名板蕉,牙蕉,大叶芭蕉,大头芭蕉,芭蕉头。多年生草本植物,高 2.5~4 m。叶片长圆形,长 2~3 m,宽 25~30 cm,先端钝,基部圆形或不对称。花序顶生,下垂;苞片红褐色或紫色;雄花生于花序上部,雌花生于花序下部;雌花在每苞片内约 10~16 朵,排成 2 列;合生花被片长 4~4.5 cm,具 5 齿裂,离生花被片几与合生花被片等长。浆果肉质,种子多数。生于海拔 800 m 左右的林缘。常有栽培。

(a) 芭蕉植株　　　　(b) 芭蕉花序

图 7-327　芭蕉

11. 姜科 Zingiberaceae

【识别特征】

图 7-328　姜苗

姜科草香人皆晓,叶多 2 列鞘舌具;
蕊 1 包柱 2 变唇,蒴果种有假种皮。

姜 *Zingiber officinale* Roscoe (图 7-328):又名生姜。多年生宿根草本。根茎肉质,肥厚,扁平,有芳香和辛辣味。叶两列,披针形至条状披针形,有抱茎的叶鞘;无柄。花茎直立,被以覆瓦状疏离的鳞片;穗状花序卵形至椭圆形。蒴果长圆形胀约 2.5 cm。栽培做蔬菜或入药。

郁金 *Curcuma aromatica* Salisb.（图7-329）：多年生宿根草本。根茎肉质，肥大，黄色；根末端膨大成长卵形块根。叶基生，长圆形。花葶单独由根茎抽出，穗状花序；花冠管漏斗形，裂片长圆形，白色而带粉红；侧生退化雄蕊淡黄色；唇瓣黄色，倒卵形，顶微2裂。蒴果3室。栽培入药。

（a）郁金植株　　　　　　（b）郁金花序

图7-329　郁金

四川山姜 *Alpinia sichuanensis* Z. Y. Zhu（图7-330）：又名箭杆风。多年生草本，高70~120 cm；根状茎分枝，具节及鳞片；叶片在茎的下部为卵圆形，上部为长圆形或长圆状披针形，叶渐尖或细尾状尖，基部楔形，边缘有毛，两面无毛；总状花序顶生，长6~20 cm；蒴果球形。生于海拔600~1200 m的林下。

（a）四川山姜植株　　　　　　（b）四川山姜果实

图7-330　四川山姜

草豆蔻 *Alpinia katsumadai* Hayata（图7-331）：多年生草本植物。植株高1~3 m。叶片披针形，顶端尾尖渐尖，基部急尖。总状花序直立，密生粗状毛。蒴果圆球形，被毛。种子呈卵圆状多面体，外被淡棕色膜质假种皮，质硬。生于海拔500~800 m的林缘或林下。

(a) 草豆蔻植株　　　　　(b) 草豆蔻花　　　　　(c) 草豆蔻果实

图 7-331　草豆蔻

黄白姜花 *Hedychium chrysoleucum* Roxb（图 7-332）：又名峨眉姜花。株高 1~2 m。叶无柄，叶片披针形或长圆状披针形；叶舌膜质。穗状花序卵形或椭圆形；花萼管状，先端具 3 齿，膜质；花冠管长 7~8 cm，侧生退化雄蕊近椭圆形；唇瓣近圆形，先端 2 裂，下部中央金黄色；花丝、花药黄色；子房密被长柔毛，花柱线形，柱头具睫毛。生于海拔 600~1000 m 的林下或沟边。

(a) 黄白姜花植株　　　　　　　　(b) 黄白姜花的花序

图 7-332　黄白姜花

峨眉舞花姜 *Globba emeiensis* Z. Y. Zhu（图 7-333）：多年生草本。叶片椭圆形或长圆状披针形。聚伞圆锥花序，苞片淡黄白色，早落；花黄色，花萼紫色的或淡黄。花冠弯曲，裂片反折，唇瓣先端 2 裂。侧生退化雄蕊线状披针形。花丝橙色，弯曲。蒴果椭圆形或长圆状椭圆形。生于海拔 500~1200 m 的林下或沟边。

(a) 峨眉舞花姜植株　　　　　　　(b) 峨眉舞花姜花序

图 7-333　峨眉舞花姜

12. 美人蕉科 Cannaceae

【识别特征】

多年草本块状茎，叶大螺旋鞘抱茎；
两性花朵不对称，花被3数不显著。
雄蕊退化花瓣状，反卷一枚称唇瓣；
子房下位呈3室，蒴果3裂胚珠多。

美人蕉 *Canna indica* L. （图7-334）：多年生球根草本花卉。株高100~150 cm；根茎肥大；地上茎肉质，不分枝。茎叶具白粉，叶互生，宽大，长椭圆状披针形。阔椭圆形。总状花序自茎顶抽出，花径可达20 cm，花瓣直伸，具4枚瓣化雄蕊。栽培观赏。

（a）美人蕉植株　　　　（b）美人蕉的花序

图7-334　美人蕉

大花美人蕉 *Canna generalis* （图7-335）：又名红艳蕉。根状茎肥壮多节，地上假茎直立无分枝，全身被白霜。叶大型，互生，呈长椭圆形，叶柄鞘状。顶生总状花序，常数朵至十数朵簇生，萼片3，绿色，较小，花被3，柔软，基部直立，先端向外翻。花色丰富。花心处的雄蕊多瓣化而成花瓣，其中一枚常外翻成舌状，其他的呈旋卷状。蒴果椭圆形。栽培观赏。

（a）大花美人蕉植株　　　　（b）大花美人蕉的花

图7-335　大花美人蕉

13. 百合科 Liliaceae

【识别特征】

名花良药百合科,草本鳞茎无鳞被;
叶互两性花三数,药内房上三室蒴。

岩菖蒲 *Tofieldia thibetica* Franch.（图7-336）：又名石竹根,岩飘子。多年生草本植物,具根状茎。叶基生,两侧压平,质地柔韧,总状花序。生于海拔700~2300 m的灌丛草坡、沟边或岩石缝隙中。

（a）岩菖蒲植株　　　　　　　（b）岩菖蒲的花序

图7-336　岩菖蒲

荞麦叶大百合 *Cardiocrinum cathayanum* (Wilson) Stearn（图7-337）：多年生高大草本,高1 m以上。具鳞茎。茎直立不分枝,圆柱形,中空。根出叶大型,长椭圆状心形。花茎粗壮高大,穗状花序,花大,白色。蒴果,倒梨形,有种子极多数,膜质翅。生于海拔800~2000 m的林下。

（a）荞麦叶大百合植株　　　　　　　（b）荞麦叶大百合花序

图7-337　荞麦叶大百合

卷丹 *Lilium lancifolium* Thunb.（图7-338）：又名虎皮百合。多年生草本,高70~150 cm。鳞茎卵圆扁球形。茎被白毛。花橙红色,有紫黑色点。花被片强烈外卷,雄蕊伸出极长。生于海拔1200~2600 m的林下或草坡。

（a）卷丹植株　　　　　　　（b）卷丹的花

图 7-338　卷丹

羊齿天门冬 *Asparagus filicinus* **Buch. –Ham.**（图 7-339）：多年生草本。根从基部开始或在距基部几厘米处成纺锤状膨大。茎近平滑，分枝通常有棱，有时稍具软骨质齿。叶状枝每 5～8 枚成簇，扁平，镰刀状；鳞片状叶基部无刺。花每 1～2 朵腋生，淡绿色，有时稍带紫色。浆果。生于海拔 1200～2200 m 的林下。

（a）羊齿天门冬植株　　　　　　　（b）羊齿天门冬叶子

图 7-339　羊齿天门冬

非洲天门冬 *Asparagus densiflorus*（**Kunth**）**Jessop**（图 7-340）：又名武竹。多年生常绿半蔓生草本，茎基部木质化，多分枝丛生下垂，叶长 80～120 cm，扁形似松针，绿色有光泽，花多白色，花期 6～8 月，秋冬结果，果实绿色，成熟后红色，球形种子黑色。生于海拔 800～1800 m 的林下。

（a）非洲天门冬叶　　　　　　　（b）非洲天门冬花序

图 7-340　非洲天门冬

郁金香 *Tulipa gesneriana* **L.**（图7-341）：又名洋荷花。多年生草本植物，鳞茎扁圆锥形或扁卵圆形，长约2 cm，外被淡黄色纤维状皮膜。茎叶光滑具白粉。叶基出，3~5片，长椭圆状披针形或卵状披针形，花单生茎顶，大形直立，杯状，基部常黑紫色。栽培观赏。

玉簪 *Hosta plantaginea* **Aschers**（图7-342）：又名白玉簪。宿根草本。株高30~50 cm。叶基生成丛，卵形至心状卵形，基部心形，叶脉呈弧状。总状花序顶生，高于叶丛，花为白色，管状漏斗形，浓香。花期6~8月。生于海拔800~1900 m的林缘或林下。

图7-341　郁金香　　　　　　图7-342　玉簪

紫萼 *Hosta yentriocsa*（**Salisb.**）**Stearm**（图7-343）：又名紫玉簪。基生叶较小，卵形或宽卵形，长8~20 cm，宽5~14 cm，基部楔形至心形。花柄基部有1苞片，狭卵形，长1~1.5 cm；花较小，淡紫色；花被管下部狭，上部开展成钟状；花丝着生花被管基部而与花被管分离。蒴果。生于海拔600~1500 m的林缘或林下。

（a）紫萼植株　　　　　　（b）紫萼的花

图7-343　紫萼

宽叶韭 *Allium hookeri* **Thwaites**（图7-344）：又名葱韭。多年生草本，高20~60 cm；根肉质，粗壮；鳞茎圆柱形，外皮膜质，不破裂。叶线状披针形，扁平，先端渐尖，下部扩大成膜质鞘，全缘，绿色，中脉明显，在背面隆起。花葶略呈三棱形，绿色；总苞膜质，2裂，早落；伞形花序近球形，花多而密集。花果期8~9月。生于海拔500~1200 m的林缘或林下。

(a) 宽叶韭植株　　　　　(b) 宽叶韭花序

图 7-344　宽叶韭

萱草 *Hemerocallis fulva*（L.）L.（图 7-345）：又名黄花菜。多年生宿根草本。具短根状茎和粗壮的纺锤形肉质根。叶基生，宽线形，对排成两列。花葶细长坚挺，着花 6~10 朵，呈顶生聚伞花序。花以橘黄色为主，有时可见紫红色，花大，漏斗形，内部颜色较深，直径 10 cm 左右，花被裂片上部开展而反卷，橘红色。蒴果，背裂，内有亮黑色种子数粒。生于海拔 500~1900 m 的林缘或林下。

(a) 萱草植株　　　　　(b) 萱草的花

图 7-345　萱草

黄花油点草 *Tricyrtis maculata*（D. Don）Machride（图 7-346）：多年生草本，无毛或上部被微糙毛。叶互生，无柄，矩圆形、椭圆形至倒卵形，上部的叶基部略呈心形或心形而抱茎。聚伞花序疏生少花，顶生或生上部叶腋，总花梗和花梗密生微毛和腺毛；花被片 6，基色为黄色或黄绿色，有紫褐色斑点；雄蕊 6，花丝稍长于花被片，开花时顶端外翻。蒴果棱状矩圆形，具 3 棱。生于海拔 1200~2300 m 的林缘或林下。

图 7-346　黄花油点草基部

藜芦 *Veratrum nigrum* L.（图 7-347）：多年生草本；根茎短而厚；茎具叶，基部常有残存叶鞘裂成纤维状；叶通常阔而抱茎。花绿白色或暗紫色，两性或杂性，具短柄，排成顶生的大圆锥花序；花被片6，宿存；雄蕊6，与花被片对生，花丝丝状，花药心形；子房上位，3室；花柱3，宿存；果为一膜裂的蒴果，3裂，每室有种子数颗。生于海拔2000～3200 m的林缘、林下或草坡。

（a）藜芦植株

（b）藜芦的花

图7-347　藜芦

银边吊兰 *Chlorophytum capense* **var. Variegatum Hort.**（图7-348）：又名银边兰。常绿草本，具根茎和肉质根。叶基生，边缘为白色；吊兰花梗细长，超出叶上，花梗弯曲，先端着花1～6朵，总状花序，花小，白色，花被2轮共6片，雄蕊6，子房绿色。栽培观赏。

（a）银边吊兰植株

（b）银边吊兰根部

图7-348　银边吊兰

银心吊兰 *Chlorophytum comosum*（Thunb.）Jacques（图7-349）：又名吊竹兰。多年生草本植物。具簇生圆柱状肉质根和短的根状茎。叶基生，条形至长披针形，全缘或稍波状，花葶自叶腋抽出，弯垂形成新的匍匐枝。总状花序，小花白色，花被片6。生于海拔500～1000 m的林下或草坡。

（a）银心吊兰植株

（b）银心吊兰花序

图7-349　银心吊兰

浓蜜贝母 *Fritillaria mellea* S. Y. Tang et S. C. Yueh（图7-350）：株高18～55 cm。鳞茎扁球形至卵球形，通常直径1～1.5 cm，大的可达2.5 cm；外面的鳞片2枚。茎单一，下部弯弓状。茎生叶最下面的对生，其余的互生，狭条形，先端不卷曲。花1～2朵。蒴果，棱上翅宽1～3 mm，果梗弯弓形。生于海拔3200左右的草坡。

（a）浓密贝母全株　　　　（b）浓密贝母的鳞茎

图7-350　浓密贝母

甘肃贝母 *Fritillaria przewalskii* Maxim.（图7-351）：又名岷贝。多年生草本，高20～30 cm。鳞茎圆锥形。茎最下部的2片叶通常对生，向上渐为互生；叶线形，先端通常不卷曲。单花顶生，稀为2花，浅黄色，有黑紫色斑点；叶状苞片1，先端稍卷曲或不卷曲；花被片6；雄蕊6，花丝除顶端外密被乳头状突起；柱头裂片通常很短。蒴果棱上具宽约1 mm的窄翅。生于海拔3200 m左右的草坡。

图7-351　甘肃贝母

吉祥草 *Reineckia carnea*（Andr.）Kunth（图7-352）：又名小叶万年青。多年生常绿草本。根状茎匍地生长，明显分节，节上生根。叶丛生或在匍匐茎的顶端丛生，条状披针形。秋季花葶从叶腋间生出，高5～9 cm，穗状花序，苞片卵形，淡红色，每苞有花1，花紫红色，花被漏斗状，先端6裂，裂片反卷，雄蕊6。浆果熟时红色，近圆形。生于海拔800～2200 m的林下。

（a）吉祥草植株　　　　　（b）吉祥草花序

图7-352　吉祥草

开口箭 *Tupistra chinensis* Bak.（图7-353）：又名牛尾七。多年生草本。根茎长圆柱形，多节，绿色至黄色。叶基生，4~8；叶片倒披针形、条状披针形、条形；鞘叶2。穗状花序侧生，直立，密生多花，浆果长2.5~9 cm，球形，直径8~10 mm，熟时紫红色。生于海拔1200 m左右的林下或沟边。

（a）开口箭植株　　　　　　　　（b）开口箭的花序

图7-353　开口箭

峨眉蜘蛛抱蛋 *Aspidistra omeiensis* Z. Y. Zhu & J. L. Zhang（图7-354）：根状茎粗壮，直径1~2 cm。叶3~5丛生；叶柄5~13 cm；叶片带状。花葶3~12 mm；苞片3或4。花单生，花被紫色或紫色红，钟状，先端6~8浅裂；卵形裂片正三角形，肉质，具小乳突。雄蕊6~8，着生于花被筒下部。柱头盾形，圆形，直径0.9~1.3 cm。生于海拔1400 m左右的林下或沟边。

一叶兰 *Aspidistra elatior* Blume（图7-355）：又名蜘蛛抱蛋。多年生常绿草本。根状茎粗壮匍匐。叶基生、质硬，基部狭窄成沟状，长叶柄，叶长可达70 cm。花单生，开短梗上，紧附地面，花径约2.5 cm，褐紫色，花期4月~5月。生于海拔1000 m左右的林下或沟边。

图7-354　峨眉蜘蛛抱蛋植株　　　　图7-355　一叶兰

长蕊万寿竹 *Disporum bodinieri*（Levl. et Vant.）Wang et Tang（图7-356）：多年生草本。块根多为数个簇生，单个呈细长圆锥形或长条形，稍弯曲，长1.5~1.7 cm，直径1~6 mm植株高30~70 cm。叶椭圆形至卵状披针形。伞形花序2~6花，白色。花期4~5月。生于海拔600~2000 m的林下或沟边。

(a) 长蕊万寿竹植株　　　　　　(b) 长蕊万寿竹的花

图 7-356　长蕊万寿竹

七叶一枝花 *Paris polyphylla* Sm.（图 7-357）：又名重台草。根状茎横走而肥厚，棕褐色，有斜形环节。叶 5~10，通常为 7，轮生茎顶。顶端着生一花，花被 2 轮，内轮线形黄绿色，外轮卵状披针形或披针形，绿色。雄蕊 8~12，花丝与花药近等长。蒴果近球形，3~6 瓣裂。种子多数。生于海拔 800~2100 m 的林下。

(a) 七叶一枝花植株　　　(b) 七叶一枝花果实　　　(c) 七叶一枝花根茎

图 7-357　七叶一枝花

延龄草 *Trillium tschonoskii* Maxim.（图 7-358）：又名头顶一颗珠。多年生草本，茎丛生于粗短的根状茎上。叶菱状圆形或菱形。花的外轮花被片卵状披针形，内轮花被片白色；花柱短于花丝或与花丝近等长，顶端有稍突出的药隔；子房圆锥状卵形。浆果圆球形黑紫色，有多数种子。生于海拔 1200~2000 m 的林下。

(a) 延龄草蜘蛛　　　　　　(b) 延龄草的花

图 7-358　延龄草

大葱 *Allium fistulosum* L. var. *giganteum* Makino（图7-359）：又名四季葱。多年生草本植物，具鳞茎，叶圆而中空，叶鞘基部抱合成"假茎"。栽培做蔬菜。

（a）大葱幼苗

（b）大葱花序

图7-359　大葱

麦冬 *Ophiopogonis japonicus*（L. f.）Ker-Gawl.（图7-360）：又名麦门冬。多年生草本，成丛生长，高30 cm左右。叶丛生，形如韭菜。花茎自叶丛中生出，花小，形成总状花序。果为浆果，圆球形，成熟后为深绿色或黑蓝色。在部分须根的中部膨大成纺锤形的肉质块根，即药用的麦冬。生于海拔500～1600 m的林缘或林下。

（a）麦冬植株

（b）麦冬的花

图7-360　麦冬

图7-361　卵叶韭

卵叶韭 *Allium ovalifolium* Hand.-Mzt.（图7-361）：草本，具根状茎。鳞茎柱状圆锥形，单生或数枚聚生；鳞茎外皮灰褐色，网状纤维质。叶基生，常2，稀为3，卵状披针形。总苞1～2裂，宿存或早落；伞形花序球形，多花；花白色或淡红色；子房具短柄，每室有1胚珠。生于海拔1500 m的林下或草坡。

假百合 *Notholirion bulbuliferum* Stearn（图7-362）：多年生草木，高 60～150 cm。鳞茎狭窄，卵形，无鳞片，具淡褐色的膜被；须根多数，根上长小鳞茎多个，卵形，两头尖。基生叶无柄，带形，全缘，叶脉带紫色；花茎上叶较小，互生，线形或线状披针形。总状花序顶生，有花 10～20，花紫蓝色。蒴果倒卵状长圆形，有钝棱，顶端有脐。生于海拔1200 m以下的林下或沟边。

（a）假百合植株　　　　　（b）假百合的花

图 7-362　假百合

14. 石蒜科 Amaryllidaceae

【识别特征】

　　石蒜草本具鳞被，叶细基生花伞形；
　　总苞副冠房下位，易与百合相区分。

君子兰 *Clivia miniata* Rege.（图7-363）：又名大叶石蒜。多年生草本植物，根肉质纤维状，叶基部形成假鳞茎，叶形似剑，长可达85 cm，互生排列，全缘。伞形花序顶生，每个花序有小花 7～30。小花有柄，黄或橘黄色。栽培观赏。

图 7-363　君子兰植株

葱莲 *Zephyranthes candida*（Lindl.）Herb.（图7-364）：又名葱兰。多年生草本。鳞茎卵形，直径约2.5 cm，具有明显的颈部，颈长 2.5～5 cm。叶狭线形，肥厚，亮绿色。花茎中空；花单生于花茎顶端，下有带褐红色的佛焰苞状总苞，花白色，外面常带淡红色；几无花被管。蒴果近球形，种子黑色，扁平。生于海拔 1200 m的林缘或草坡。

（a）葱莲植株　　　　　（b）葱莲的花

图 7-364　葱莲

石蒜 *Lycoris radiata*（L'Herit.）Herb.（图7-365）：又名老鸦蒜。多年生草本。鳞茎广椭圆形。初冬出叶。线形或带形。花茎先叶抽出，顶生4~6朵花；花鲜红色或有白色边缘，花被筒极短，上部6裂，裂片狭披针形，边缘皱缩，向外反卷；雄蕊6，子房下位，3室，花柱细长。蒴果背裂。种子多数。生于海拔1200 m的路边或草地。

朱顶红 *Hippeastrum rutilum*（Ker-Gawl.）Herb.（图7-366）：又名孤挺花。多年生草本植物，鳞茎肥大，近球形，直径5~10 cm，外皮淡绿色或黄褐色。叶片两侧对生，带状，先端渐尖，2~8，叶片多于花后生出，长15~60 cm。栽培观赏。

文殊兰 *Crinum asiaticum* Linn.（图7-367）：又名十八学士。多年生粗壮草本，鳞茎球形。叶20~30，带状，淡绿色。花葶直立，花10~20，组成伞形花序。花被裂片白色，线形，雄蕊淡红色，花药线形，顶端渐尖，子房纺锤形。果近球形，直径3~5 cm，通常有1颗种子。栽培观赏。

图7-365 石蒜的花　　图7-366 朱顶红植株　　图7-367 文殊兰植株

15. 鸢尾科 Iridaceae

【识别特征】

鸢尾根茎或球鳞，叶成二列线或剑；
花大艳丽3基数，药外房下柱瓣三。

鸢尾 *Iris tectorum* Maxim（图7-368）：又名扁竹根。多年生宿根性直立草本，高30~50 cm。根状茎匍匐多节，粗而节间短，浅黄色。叶为渐尖状剑形，质薄，淡绿色，呈二纵列交互排列，基部互相包叠。总状花序1~2，每枝有花2~3；花蝶形，花冠蓝紫色或紫白色，花柱3歧，扁平如花瓣状，覆盖着雄蕊。蒴果长椭圆形，有6棱。生于海拔1200 m以下的林中。

(a) 鸢尾植株　　(b) 鸢尾的花

图7-368 鸢尾

蝴蝶花 *Iris japonica* Thunb.（图7-369）：又名日本鸢尾。多年生草本。直立的根状茎扁圆形，具多数较短的节间，棕褐色，横走的根状茎节间长，黄白色；须根生于根状茎的节上，分枝多。叶基生，暗绿色，有光泽，近地面处带红紫色，剑形，无明显的中脉。花茎直立，高于叶片，顶生稀疏总状聚伞花序，蒴果椭圆状柱形，6条纵肋明显，种子黑褐色。生于海拔1500 m的林中。

（a）蝴蝶花植株　　　　　　（b）蝴蝶花的花

图7-369　蝴蝶花

射干 *Belamcanda chinensis* (L.) DC.（图7-370）：又名交剪草。多年生直立草本。根状茎为不规则的块状。茎直立，实心。叶剑形，扁平，互生，嵌迭状2列，花柱圆柱形，柱头3浅裂，子房下位，3室，中轴胎座，胚珠多数。蒴果倒卵形，黄绿色，成熟时3瓣裂；种子球形，黑紫色，有光泽，着生在果实的中轴上。栽培入药。

（a）射干植株　　　　　　（b）射干的花

图7-370　射干

雄黄兰 *Crocosmia crocosmiiflora* (Lemoine) N. E. Br.（图7-371）：又名倒挂金钩。多年生草本；高50~100 cm。球茎扁圆球形，外包有棕褐色网状的膜质包被。叶多基生，剑形，长40~60 cm，基部鞘状，顶端渐尖，中脉明显；茎生叶较短而狭，披针形。花茎常2~4分枝，由多花组成疏散的穗状花序。蒴果三棱状球形。生于海拔1000 m以下的林中或草坡。

(a) 雄黄兰植株　　　　　　(b) 雄黄兰的花

图7-371　雄黄兰

16. 龙舌兰科 Agavaceae

金边龙蛇兰 *Agave americana* L. var. *marginata* Hort.（图7-372）：又名金边莲。多年生常绿草本。茎短、稍木质。叶多丛生，呈剑形，大小不等，小者长14.5~25 cm，大者长可达1 m，质厚，平滑，绿色，边缘有黄白色条带镶边，有红或紫褐色刺状锯齿。花茎有多数横纹，花黄绿色，肉质；雄蕊6，花药丁字形着生；子房3室，花柱钻形。蒴果长椭圆形。种子多数。栽培观赏。

17. 仙茅科 Hypoxidaceae

图7-372　金边龙舌兰植株

【识别特征】

草本常有地下茎，叶生基部弧形脉。
头状花序花黄色，花被6裂雄蕊6。
子房下位成3室，胚珠多数成蒴果。

大叶仙茅 *Curculigo capitulata*（Lour.）O. Ktze.（图7-373）：又名野棕。宿根草本，高度可达1 m，叶长30~90 cm，宽5~15 cm，长圆状披针形，叶基生3~6，叶脉折扇状，地下有块状根茎。花梗腋生，比叶柄短；花黄色，一般在夏季开花。生于海拔900 m以下的林下。

(a) 大叶仙茅植株　　　　　　(b) 大叶仙茅的花

图7-373　大叶仙茅

18. 菝葜科 Smilacaceae

【识别特征】

攀缘灌木常有刺，掌脉叶柄有卷须。
花单异株成伞形，花被6裂雄蕊6。
子房上位成3室，胚珠少数成浆果。

鞘柄菝葜 *Smilax stans* **Maxim.**（图7-374）：叶纸质，卵形、卵状披针形或近圆形，下面稍苍白色或有时有粉尘状物；叶柄长5～12 mm，向基部渐宽成鞘状，背面有多条纵槽，无卷须，脱落点位于近顶端。生于海拔600～1300 m的林下或灌丛中。

土茯苓 *Smilax glabra* **Roxb.**（图7-375）：又名刺猪苓。攀缘灌木；根状茎粗厚，块状，常由匍匐茎相连接，枝条光滑，无刺。叶薄革质，狭椭圆状披针形至狭卵状披针形，先端渐尖，下面通常绿色，有时带苍白色；叶柄长5～15 mm，具狭鞘，有卷须，脱落点位于近顶端。浆果直径7～10 mm，熟时紫黑色，具粉霜。生于海拔800～1500 m的林下或灌丛中。

图7-374　鞘柄菝葜植株　　　　图7-375　土茯苓植株与果实

金刚藤 *Smilax scobinicaulis* **C. H. Wright**（图7-376）：又名菝葜。攀缘状灌木，结节状，根茎块状。茎实心、有刺。叶长圆状披针形，互生；叶柄长0.5～0.8 cm，鞘稍不明显，约几为叶柄的1/2，鞘端有1对卷须。有掌状脉和网状小脉，叶柄两侧常有卷须。花单性，雌雄异株。子房3室，每室胚珠1～2。伞形花序腋生。果为浆果，熟时暗红色。生于海拔600～1800 m的林下或灌丛中。

（a）金刚藤植株　　　　　　　（b）金刚藤的果实

图7-376　金刚藤

19. 薯蓣科 Dioscoreaceae

【识别特征】

薯蓣草藤具块茎，叶互掌脉花单性；
整齐3数房下位，蒴果种子均翅棱。

图7-377 树穿龙薯蓣的叶

穿龙薯蓣 *Dioscorea nipponica* Makino（图7-377）：又名野山药。多年生缠绕藤本植物。根茎横走，圆柱形，黄褐色。茎左旋细长，近乎无毛。叶互生，叶片卵形或广卵圆形，带5~7浅裂，先端渐尖，基部心形。雌雄异株，穗状花序，花黄绿色。蒴果卵形或椭圆形，具3翅，成熟后黄褐色。种子上部具长方形膜质翅。生于海拔500~1300 m林缘或草地。

叉蕊薯蓣 *Dioscorea collettii* Hook. f.（图7-378）：缠绕草质藤本。根状茎横生，竹节状，长短不一，直径约2 cm，表面着生细长弯曲的须根，断面黄色。单叶互生，三角状心形或卵状披针形，干后黑色。花单性，雌雄异株。蒴果三棱形，种子2。生于海拔500~1300 m的林缘或草地。

（a）叉蕊薯蓣植株

（b）叉蕊薯蓣的叶

图7-378 叉蕊薯蓣

盾叶薯蓣 *Dioscorea Zingiberensis* C. H. Wright（图7-379）：又名黄姜。多年生草质缠绕藤本植物。茎左旋，在分枝或叶柄的基部有时具短刺。单叶互生，盾形。花雌雄异株或同株；雄花序穗状，雄花2~3朵簇生，花被紫红色；雌花序总状穗状。蒴果干燥后蓝黑色。种子栗褐色，四周围以薄膜状翅。生于海拔600~1350 m林缘或草地。

图7-379 盾叶薯蓣的叶

20. 兰科 Orchidaceae

【识别特征】

名花兰草习性杂，叶互2列或旋螺；

被6内1特为唇，蕊柱粉块籽微多。

白芨 *Bletilla striata* (Thunb.) Reichb. f. （图7-380）：又名连及草。多年生草本，叶4~5，基部互相套叠成茎状，中央抽出花葶。总状花序具数朵花；花紫色或淡红色，直径约5 cm，由3萼片、2花瓣和1特化的唇瓣组成；唇瓣3裂，上面有纵褶片；雄蕊与花柱合生而成合蕊柱，花药1。子房下位。蒴果具6纵肋。生于海拔500~1200 m的沟谷中。

（a）白芨植株　　　　　（b）白芨的花

图7-380　白芨

黄花杓兰 *Cypripedium flavum* P. F. Hunt & Summerh. （图7-381）：多年生地生兰。叶互生，3~5，椭圆形。花苞片叶状，椭圆状披针形，渐尖；花常单生，很少2朵，直径约5 cm，黄色或渐浅，有时略有紫色斑点。花期5~6月，果期8~9月。生于海拔500~1300 m的岩石上或草地。

大花杓兰 *Cypripedium macranthos* Sw. （图7-382）：多年陆生草本。叶互生3~5片，被白毛。叶片椭圆形或卵状椭圆形。花常单生，紫红色。花瓣卵状披针形，唇瓣紫红色，囊状，长约3.5~5 cm。花期6~7月。果期7~8月。生于海拔1200~2300 m的林下或草地。

图7-381　黄花杓兰的花　　　　图7-382　大花杓兰的花

离萼杓兰 *Cypripedium plectrochilum* Franch.（图7-383）：植株高 12~30 cm，具根状茎。茎直立被短柔毛，通常具3叶。叶片椭圆形至狭椭圆状披针形。花序顶生，具1花；花序柄纤细，被短柔毛；花苞片叶状；萼片栗褐色或淡绿褐色，花瓣淡红褐色或栗褐色并有白色边缘，唇瓣白色而有粉红色晕；唇瓣深囊状，倒圆锥形，略斜歪。蒴果狭椭圆形，有棱。生于海拔 1100~2400 m 的林下或草地。

（a）离萼杓兰植株　　　　　　（b）离萼杓兰的花

图7-383　离萼杓兰

小舌唇兰 *Platanthera minor* (Miq.) Rchb. f.（图7-384）：植株高 20~60 cm。块茎椭圆形，肉质。茎粗壮，下部具 1~2 较大的叶，上部具 2~5 逐渐变小为披针形的苞片状小叶，基部具 1~2 筒状鞘。叶互生，最下面的叶最大，叶片椭圆形或长圆状披针形，基部鞘状抱茎。总状花序具多数疏生的花，花黄绿色。花期 5~7 月。生于海拔 1200~2300 m 的林下。

（a）小舌唇兰植株　　　　　　（b）小舌唇兰的花

图7-384　小舌唇兰

大叶火烧兰 *Epipactis mairei* Schltr.（图7-385）：陆生兰。根状茎粗短，具几条长根。茎直立，下部具 2~4 鞘。叶 5~7，卵形至椭圆形，茎上部的叶常为卵状披针形，渐过渡为苞片。总状花序，花紫褐色或黄褐色，下垂。花瓣卵形较萼片为短，唇瓣几与萼片等长，中央凹陷，具 2~3 条鸡冠形褶片，侧裂片顶端钝。生于海拔 800~1500 m 的林下。

(a) 大叶火烧兰植株　　　　　　　(b) 大叶火烧兰的花

图 7-385　大叶火烧兰

三棱虾脊兰 *Calanthe tricarinata* **Lindl.**（图 7-386）：根状茎不明显。假鳞茎圆球状，具 3 鞘和 3~4 叶。假茎粗壮；鞘大型，先端钝，最下 1 枚最小，长约 2 cm，向上逐渐变长。叶在花期时尚未展开，薄纸质，椭圆形或倒卵状披针形，基部收狭为鞘状柄。花葶从假茎顶端的叶间发出，直立，粗壮，高出叶层外。生于海拔 600~1700 m 的林缘或岩石缝中。

(a) 三棱虾脊兰植株　　　　　　　(b) 三棱虾脊兰的花

图 7-386　三棱虾脊兰

流苏虾脊兰 *Calanthe alpina* **Hook. f. ex Lindl.**（图 7-387）：植株高达 50 cm。假鳞茎短小，狭圆锥状，去年生的假鳞茎密被残留纤维。叶 3，在花期全部展开，椭圆形或倒卵状椭圆形。花葶从叶间抽出，通常 1 个；唇瓣浅白色，后部黄色，前部具紫红色条纹；距浅黄色或浅紫堇色，圆筒形，劲直。蒴果倒卵状椭圆形。生于海拔 600~1600 m 的林缘或草地。

(a) 流苏虾脊兰的植株　　　　　　(b) 流苏虾脊兰的花

图 7-387　流苏虾脊兰

天麻 *Gastrodia elata* Bl.（图7-388）：又名定风草。多年生寄生草本，高60～100 cm，全株不含叶绿素。块茎肥厚，肉质，长圆形，有不甚明显的环节。茎圆柱形，黄赤色。叶呈鳞片状，膜质，长1～2 cm，具细脉，下部短鞘状抱茎。总状花序顶生，花黄赤色。蒴果长圆形至长圆状倒卵形。生于海拔1200～2000 m的林下。

（a）天麻的根茎及花序　　　　　　（b）天麻的花

图7-388　天麻